브레인
드리븐
BRAIN DRIVEN

브레인
드리븐

성장을 위한
뇌과학

아오토 미즈토 지음
박미정 옮김

해리북스

뇌의 불가사의와 매력.

뇌의 위대한 힘과 가능성.

뇌에는 우리가 알지 못하는 미지의 것들이 숱하게 잠들어 있다. 뇌
는 가능성의 보물 상자이며 알면 알수록 그 매혹적인 세계는 더욱더 확
장된다. 뇌를 깊이 이해하면 자기 자신을 포함해 인간에 대한 이해를
넓힐 수 있다.

그렇다고 하더라도 뇌만 알면 인간을 충분히 이해할 수 있다는 말
은 아니다. 당연한 말이지만 인간은 뇌만으로 존재하는 것이 아니기
때문이다.

신경과학은 신경계를 세포나 분자 조직에서 풀어가는 매우 새로운
학문이다. 그림 1을 보면 알 수 있듯이, 2010년 이래로 신경과학 논문
수는 급증하고 있다.

그동안 미지의 영역이었던 인간의 신경계는 근래 과학 기술의 급속
한 발전에 힘입어 그 블랙박스가 열리기 시작하고 있다. 인류가 새로

그림 01 **신경과학 논문 수의 추이**

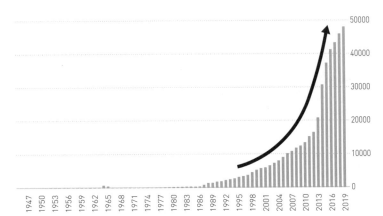

미국 국립 생명공학정보센터 검색 데이터 베이스인 PubMed®에서 「신경과학Neroscience」 논문 검색 결과 수를 바탕으로 작성.

이 획득해가고 있는 놀라운 지혜들이 난해한 과학 논문 속에 파묻혀 있기만 하는 것은 매우 안타까운 일이다.

그래서 나는 이 책에서 신경과학이 새롭게 보여주는 지혜를 비즈니스를 포함한 우리의 실생활에 비추어봄으로써 신경과학을 어떻게 인간 이해와 실제의 삶에 응용할 수 있을지 살펴볼 것이다.

특히 비즈니스를 하는 사람들의 과제이자 요망 사항인 '모티베이션motivation', '스트레스stress', '창의성creativity'이라는 세 가지 주제를 집중적으로 다룰 것이다.

첫 번째 주제, 모티베이션

모티베이션에 대한 논의들은 다양한 분야에서 다양한 방식으로 이루어져왔다. 각각의 식견에서 많은 것을 배울 수 있겠지만, 신경과학의 관점에 보면 새로운 통찰들이 보이기 시작한다.

신경과학의 관점에서 모티베이션에 대해 말하기는 간단하지 않다. 왜냐하면 모티베이션과 직접적으로 관련된 범위를 벗어나 생명의 핵심이 되는 '조직系(시스템)'을 고려하지 않으면 안 되기 때문이다.

생체계는 조직으로 이루어져 있기 때문에 인간의 뇌 속에 있는 모티베이션과 관련된 부분만을 보고 해명할 수는 없다. 시스템의 중심은 무엇이고 뇌 부위들이 서로 어떻게 상호작용하는지와 같이 시스템 전체를 고려하지 않는 한 모티베이션에 대해 말하기는 불가능하다.

지금까지는 뇌 속에서 작동하는 복잡한 시스템이 제대로 밝혀진 적이 없었다. 하지만 신경과학이 던지는 새로운 시사점은 틀림없이 새로운 각도에서 모티베이션에 대한 이해를 높여준다. 지금까지 당신이 접해온 모티베이션에 관련한 책이나 강연, 세미나 등도 신경과학적 관점을 통해 확실히 "그런 것이었구나"라고 설득력이 높아지면서 자신감을 갖고 모티베이션을 마주할 수 있을 것이다.

현대 사회에서 '우울증', '멘탈'이라는 용어가 일상적으로 사용되고 있을 만큼 정신질환은 큰 사회문제가 되고 있다. 정신질환으로 인한 경제적 손실이 수조 원에 이르고 개별 기업들에서도 정신질환으로 인한 인재 손실은 해결하지 않으면 안 될 중대한 과제로 떠오르고 있다.

정신질환에 가장 큰 영향을 미치는 것은 스트레스다.

하지만 스트레스에 관해서는 의료 현장에서의 경험칙이나 심리학을 기반으로 한 접근방식이 거의 대부분이다. 스트레스 문제를 자연과학적으로 풀어내거나 접근하는 경우는 많지 않다.

신경과학은 인간의 뇌를 세포와 분자 수준에서 규명하는 학문이지만, 그 접근법이 세상에 널리 알려져 있지는 않다. 신경과학의 관점에서 스트레스의 구조를 밝히고 거기서 도출되는 스트레스와 잘 살아가는 방법을 제시할 수 있다면 분명 스트레스와 여러분 사이에 새로운 관계를 정립할 수 있을 것이다.

애초에 스트레스에 대해 부정적인 이미지를 갖고 있는 사람이 많은데 나는 그 고정관념을 바꾸고 싶다. 왜냐하면 스트레스는 생존에 필요하기 때문에 갖추어진 메커니즘이기 때문이다. 스트레스는 부정적으로 작용하기도 하지만 잘만 활용하면 긍정적으로 작용하기도 한다. 따라서 스트레스를 피하려고만 하지 말고 때로는 지혜롭게 받아들이는 요령이 필요하다.

이 책에서 나는 부정적인 스트레스 때문에 엉망이 되어버린 마음을 제자리로 되돌릴 뿐만 아니라 오히려 긍정적인 작용으로 자신을 향상시키기 위해 스트레스와 함께 성장해나가는 방법을 생각해볼 것이다.

세 번째 주제, 창의성

"창의성을 키울 수도 있나요?"

몇몇 기업으로부터 이런 문의를 받은 것이 계기가 되어 나는 신경과학과 창의성의 관계에 대해 의식하게 되었다. 이 질문을 받았을 때 나는 "대체 창의성이란 무엇인가"를 확실히 알아야겠다고 생각했다.

일반적으로 알려진 창의성에 대한 정의에 나는 위화감을 느낀다. 왜냐하면 창의성을 창조적 행위를 하고 있는 상태가 아니라 어디까지나 새롭고 가치 있는 무언가를 만들어낸 결과를 창의성으로 정의하는 것처럼 보이기 때문이다.

원래 신경과학은 뇌의 각 부위가 어떻게 작용하는지 규명하는 단계에 머물러 있었다. 하지만 근래 들어 비약적으로 연구가 진척되면서 뇌 구조를 시스템이나 네트워크로 인식할 수 있게 되었다. 인간의 뇌는 각각의 부위가 독립된 단위로 움직이는 것이 아니라 복합적인 시스템으로 움직인다는 것이 과학 기술의 발달로 가시화되었기 때문이다.

어느 한 시점의 뇌 단면을 가시화하는 수준에 머물러 있던 신경과학은 이제 시간에 따라 변화하는 움직임까지도 가시화할 수 있는 수준에 이르렀다. 그 결과, 보다 복잡한 뇌의 활동을 규명할 수 있게 되면서 네트워크로서 뇌의 활동도 이해할 수 있게 되었다. 그에 따라 창의성에 대해서도 많은 것이 밝혀졌다.

지금까지 사람들은 창의성을 타고나는 것으로 여겼지만 뇌 속의 복잡한 네트워크가 해명되면 될수록 창의성은 후천적으로 획득된 능력임이 확인되고 있다.

이 책에서 나는 창의성이 타고나는 것이라는 오해를 불식하고 창의성을 키우기 위한 방법을 제시할 것이다.

이 책의 기본 관점

책은 신경과학의 관점에서 '뇌 속에서 무슨 일이 일어나고 있는가?(WHAT)'를 밝혀내고, 그와 관련해 '왜 그러한가?(WHY)'에 대한 지식을 심화시킨다. WHAT과 WHY를 이해함으로써 모티베이션의 컨트롤, 스트레스 대처법, 창의성을 높이는 힌트를 모쪼록 얻어갈 수 있다면 기쁘겠다.

왜 '무엇을 어떻게 하는가(HOW)'에 대해서는 설명하지 않는지 궁금해하는 분도 있을 수 있다.

하지만 HOW에 관해서는 독자 여러분 개개인에게 맡기고 싶다. 왜

나하면 HOW는 상황에 따라, 혹은 개인에 따라 전혀 다를 수 있기 때문이다. 내가 무리하게 HOW를 추상화하거나 일반화한다고 한들 그것이 모든 사람에게 들어맞는 일은 있을 수 없다.

이른바 '요령How to'이 주어져도 힌트는 될망정 답이 될 수는 없다. 신경과학의 관점에서 말하면 '요령'은 주어지는 것이 아니라 스스로 만들어가는 것이기 때문이다. '요령'에 관한 책을 쓴 저자들은 다양한 경험을 통해 자신의 뇌 속 정보를 취사선택하여 추상화하고 일반화시킨 결과물로 '요령'을 도출해내고 있다. 그들 스스로가 요령의 창조 과정을 밟아왔기 때문에 자기 것이 되지만 독자가 제3자가 만들어놓은 요령을 따라한다고 해서 갑자기 똑같은 효과를 얻을 수는 없다.

요령을 터득하려면 먼저 자기를 이해하고, 주변 환경을 이해하며 자기 경우에는 어떻게 하는 게 좋을지 시행착오를 겪으며 자기 뇌 속에서 해결책을 만들어내는 과정을 거칠 필요가 있다. 그 과정에 의해서만 자기 나름의 가치 있는 요령을 체득할 수 있다.

어떻게 하면 좋을지는 사람마다 천차만별이기 때문에 스스로 생각하는 게 중요하다. 해결책을 제시한 사람과 당신의 능력이 같지 않고 그 사람과 당신이 처한 환경도 다르기 때문이다.

스스로 요령을 터득하는 것이 조금 어렵게 생각될 수도 있지만 이 책을 읽다 보면 그것이 결코 어려운 일만은 아님을 깨닫게 될 것이다. 강의를 듣는 분들에게 나는 이 부분에 대해 설명하고 자기를 마주하며 자신은 무엇을 하면 좋을지를 생각해보기를 권한다. 과정을 거침으로써 여러분은 여러분 나름의 변화와 성장을 실감할 수 있을 것이다. 그러한 과정이야말로 배움이다. 단지 결과를 아는 것만이 배움이 아니다.

효과적인 학습법은 세상에 나와 있는 요령들을 참고 삼아 자기만의 색깔을 만들어가는 것이다. 이 책에서도 WHAT과 WHY로부터 이런 HOW는 어떠한지 제안하기는 하지만 그것을 전부 통째로 삼키려 하지 말고 자기 고유의 색깔을 가진 요령으로 채색해가는 것이 좋다. 이러한 관점을 염두에 두고 읽어 내려가면 기쁘겠다. 또한 이 책에는 난해한 신경과학을 될 수 있는 한 친근하게, 그리고 이해하기 쉽도록 개성 있는 일러스트를 다수 그려 넣었다. 인상적인 일러스트를 참고하면서 '나라면 어떻게 할까'를 생각하며 읽어나가는 것도 좋을 것이다.

모쪼록 새로운 시각으로 모티베이션, 스트레스, 창의성을 파악하고 여러분 스스로 자신의 응용문제를 풀어가고 진짜 성장을 성취해가기를 간절히 바란다.

CHAPTER 1
모티베이션

CHAPTER 2

스트레스

CHAPTER 3
창의성

MOTIVATION

모티베이션

01

모티베이션이란
무엇인가

모티베이션이라는 단어는 일상적으로 많이 들어봤을 것이다.

'대체 모티베이션이란 무엇일까?'

'모티베이션은 어떤 구조로 높아지고 낮아질까?'

이 장에서 나는 모티베이션의 본질을 신경과학의 관점에서 이해하기 쉽게 풀어갈 생각이다.

다양한 모티베이션이 있다.

일에 대한 모티베이션뿐만 아니라 무언가를 먹고 싶다는 음식에 대한 모티베이션도 있다. 졸려서 자고 싶은 모티베이션이 있는가 하면 스포츠 경기에서 이기고 싶은 모티베이션도 있다.

모티베이션을 깊이 이해하려면 다양한 모티베이션에 관해 정리할 필요가 있다. 그중에서도 가장 중요한 모티베이션을 4가지 범주로 분류해 소개한다.

그에 앞서 모티베이션의 대전제가 되는 뇌의 구조를 대략적으로 살

퍼볼 것이다. 모티베이션만 봐서는 모티베이션의 전체상을 이해할 수 없기 때문이다. 더불어 모티베이션의 원천, 물리적인 통증 및 정신적인 고통과의 연관성, 모티베이션과 돈의 관계 등, 모티베이션과 관련한 다양한 주제들에 대해 살펴볼 것이다.

자신을 객관적으로 보다─메타인지

먼저 모티베이션과 관련해 가장 중요한 뇌의 기능 중 하나는 바로 '메타인지'라 불리는 것이다.

메타인지는 '자기 자신을 객관화해서 보고 부감시하는' 인지 상태다. 자기 자신을 객관적으로 바라보고, 위에서 내려다보듯이 부감적으로 파악하는 것이다.

"거울에 비친 자기 얼굴을 한번 들여다보세요."

누군가에게 갑자기 이렇게 말하고 거울을 살짝 보여주고 상대방의 모습을 자세히 관찰해보라. 잘 보면 분명 몇 명은 거울을 들여다본 순간 눈이 커질 것이다. 타인에게 보이는 자기 모습과 자기 눈에 비친 자기 모습 사이에서 변환이 일어나고 있기 때문이다.

요컨대 타인이 바라보는 자기 모습과 자기 눈에 비친 자기 모습은 조금 어긋나 있을 가능성이 있다. 따라서 자신을 제대로 파악하려면 자기가 생각하는 자아상에서 벗어나 자신을 객관적으로 바라볼 줄 알아야 한다.

여기서 중요한 것은 '의식적으로 주의를 기울인다'는 자세다.

당신은 집에서 역까지 가는 길에 전봇대가 몇 개 있는지 기억하고 있는가. 분명 그 길을 수없이 자주 걸어다녔을 텐데도 길에 전봇대가 몇 개 서 있는지 대답할 수 없을 것이다. 왜 그런 걸까?

분명 전봇대라는 시각 정보는 당신의 뇌에 이미 도달해 있다. 그러나 도달한 정보를 뇌가 모두 기억하는 것은 아니다. 거의 대부분의 정보가 뇌 속에서 버려진다. 의식적으로 주의를 기울이지 않는 정보는 그다지 중요한 정보가 아니기 때문에 일부러 뇌에 기억으로 저장하지 않는다. 그래서 많은 사람들이 전봇대의 수가 몇 개냐는 물음에 대답하지 못한다.

'자기 자신'에 대한 정보도 마찬가지다. 자신에게 의식적으로 주의를 기울이지 않는 한, 자기에 대한 정보는 뇌에 입력되지 않는다. 하지만 사람들은 흔히 **자기에 대해 누구보다 잘 알고 있다고 착각하기 때문에 의식적으로 자기를 들여다보려고 하지 않는다.** 자기 자신이든 전봇대든 의식적으로 주의를 기울이지 않으면 뇌가 이를 학습하기는 매우 어렵다.

따라서 자신을 제대로 알기 위해서는 의식적으로 주의를 기울여 자신을 객관적으로 바라볼 시간과 학습이 필요하다. 최근에는 경제협력개발기구OECD도 21세기에 필요한 능력으로 메타인지 능력의 중요성을 강조하고 있다.

메타인지의 본질적인 의의는 자신을 객관적으로 바라봄으로써 뇌에 자기 자신에 대한 정보를 입력하고, 그럼으로써 '자기를 안다'는 것이다. 자신이 어떻게 느끼고 어떤 사고 패턴으로 어떻게 행동하는지를 잘 알면 스스로 느끼고 생각하고 행동하는 자율적인 뇌가 길러진다.[1]

"너 자신을 알라."

고대 그리스 시대의 격언이 어째서 수천 년이 지난 지금까지도 전해져 내려오는 걸까. 거기에는 분명 의미가 있을 것이다. 자기 자신을 알기는 어렵지만 자신을 아는 만큼 인간은 성장하게 된다는 것을 역사가 말해주고 있다.

이마 바로 뒤쪽의 뇌의 앞부분에 위치한 전전두피질PFC(prefrontal cortex)은 작업 기억, 반응 억제, 행동 전환, 계획, 추론 등의 인지와 실행 기능만이 아니라 고차원적인 정동, 동기 부여, 그에 기초한 의사 결정 등의 다양한 기능을 맡고 있다. 또한 사회적 행동이나 갈등 해결, 보상에 기초한 선택도 이곳에서 이루어진다. 최근에는 이마 맨 앞쪽에 있는 뇌 부위인 전극측 전전두피질rl PFC(rostrolateral prefrontal cortex)*이 자신을 객관적으로 부감시할 때 활용되며 불확실한 상황에서 탐색하는 기능 또한 갖고 있음이 밝혀졌다.[2]

---

* rostrolateral prefrontal cortex는 frontpolar prefrotal cortex, anterior prefrontal cortex라고도 불린다. rostrolateral은 마땅한 번역어가 없어 여기서는 frontpolar prefrontal cortex를 우리말로 옮긴 전극측 전전두피질이라는 용어를 사용하기로 한다―옮긴이.

메타인지를 습관화한다

'Use it or Lose it.'

'사용하지 않으면 잃는다'는 뜻이다.

인간의 뇌에 있는 천 억 개가 넘는 각각의 신경세포는 시냅스라 불리는 구조체로 연결되어 있다. 신경세포는 사용하면 할수록 쉽게 연결되지만 사용하지 않으면 가지치기가 이루어진다. 시냅스를 보유하는데 에너지가 들고, 사용되지 않는 시냅스를 보유하는 것은 에너지를 쓸데없이 낭비하는 일이기 때문이다.

'사용하지도 않는데 갖고 있을 필요 없어. 잘라버려'라는 명령이 뇌속을 돌아다닌다. 이것은 적응적인 기능이다. 가지치기는 태어나서 채 몇 달이 지나기 전부터 시작된다. 뇌 부위에 따라 시냅스 수의 추이는 다르지만 가장 늦게 발달하는 전전두피질에서도 2세 때 시냅스 수가 최고조에 달하면서 가지치기가 시작된다.[3] 이때부터 점차 줄어들지만 아직 어린아이일 때에는 충분한 시냅스가 있다. 아이들이 기억력이 좋고, 성인이 되면서 나빠지는 것은 시냅스 수와 관련이 있다.

아이들은 시냅스를 충분히 갖고 있는 상태에서 신경세포의 결합을 더욱 강화하려는 '변화'를 학습한다. **한편, 성인은 시냅스가 줄어든 상태에서 신경세포들을 연결하는 작업이 필요하다.** 연결하고 더욱 강화시키기 위해 이중으로 에너지가 드는 것이다. 그렇기 때문에 성인이 되면 무언가를 배우는 데 시간이 더 걸리게 된다.

자신을 메타인지하는 데 익숙하지 않은 사람은 그 뇌 부위를 '잃은 lose it' 상태일 가능성이 크다. 물론 기능이 완전히 사라져버리는 것은 아니다. 누구에게나 우연한 순간에 자기와 대화하며 자기 자신에 대해 성찰하는 순간이 찾아온다. 그러나 메타인지를 하는 빈도에 따라 그 뇌 부위의 결합 강도는 바뀌어간다. 따라서 메타인지에 관여하는 뇌를 의식적으로 사용use it하면 할수록 메타인지 뇌가 길러진다.

자신의 감정을 메타인지한다

인간은 어떤 행동을 하기 전에 크게 두 개의 뇌 시스템을 참조한다. 하나는 사고계이고 다른 하나는 감정계다. 지금까지 사고나 행동 시스템에 관해서는 다양한 연구가 진행되어왔지만 감정 시스템에 관한 연구는 불모지나 다름없었다.

하지만 최근 몇 년 사이 인간의 감정이 신경과학을 통해 그 모습을 드러내기 시작했다. 특정 감정이 발현되었을 때의 뇌 부위와 이때 특징적으로 볼 수 있는 신경전달물질이라 불리는 화학물질, 혹은 신경전달물질을 수용하는 수용체의 기능 등이 해명되기 시작했다[4].

인간의 행동과 사고를 이해하려면 먼저 감정의 이해가 선행되어야 한다. 자기감정을 들여다보지 않고 외면해버린다면 실행력이나 사고의 향상은 결코 이루어질 수 없다. 실행력을 높이고 한 걸음 성장하기 위해 자신의 감정이나 감각에 주의를 기울이는 것이 메타인지의 핵심이다.

뭔가를 성취한 사람은 자기를 대면하고, 자기에 대한 성찰을 깊은 수준에서 수행해 자신의 감정이나 감각을 파악하고 있다. 이치로는 한 인터뷰에서 이렇게 말한다.

> 내가 무엇을 어떻게 느끼고, 어떻게 치는지를 설명할 수 있을 때 비로소 나는 초일류 대열에 합류할 수 있었다.
>
> —NHK BS1 「일본인 메이저리거들」

단순히 공을 '어떻게 치는지'만 생각하는 것이 아니라 공을 칠 때 '어떻게 느끼고 있는지' 자신의 감각이나 감정에 눈을 돌리고 있는 것이다. 담담하게 말하고 있지만 실로 심오한 말이다.

모티베이션의
구조적 이해

모티베이션이라는 단어를 사전에서 찾아보면 다음과 같이 정의되어
있다.

① 동기를 부여하는 것, 동기 부여.
② 일을 할 때의 의욕, 하고 싶은 마음 또는 동인, 자극.

—『디지털 대사전』, 소학관

신경과학의 입장에서 보면 이 같은 설명은 혼란스럽다.

동기를 부여하는 것(동기 부여)과 부여받는 것(동인)은 전혀 다른 맥
락의 얘기다. 행동을 일으키기 위한 의욕과 동인, 자극, 원인은 모두 다
른 시스템이다. 그럼에도 불구하고 이 모두를 통틀어 모티베이션으로
보고 있다. 사전에 쓰인 모티베이션에 대한 정의는 신경과학의 관점에
서 보면 명확한 정의라고 할 수 없다.

단 공통적으로 말할 수 있는 것은 모티베이션이 행동의 원인이며 그

결과로서 행동이 비롯된다는 관계성이다.

예를 들면 A가 B에게 갑자기 다음과 같은 부탁을 한다고 해보자.

"심부름 값으로 5만 원을 줄 테니까 집 앞 카페에서 커피 좀 사다주지 않을래?"

B는 이런 일로도 5만 원을 받는구나 하며 쾌재를 부를 것이다.

"물론이지. 하고말고."

이렇게 말하고는 B는 기꺼이 심부름을 나갈 것이다.

이 경우에서 여러분이 생각해보았으면 하는 것은 B가 심부름이라는 행동을 일으킨 순간의 직접적인 원인이 5만 원이라는 돈일까라는 점이다. 일반적으로 보면 그렇게 보일지도 모른다. 하지만 아무리 큰돈이라도 B 자신이 '심부름 가겠다'고 마음먹지 않는 한 심부름 가는 일은 생기지 않을 것이다.

모티베이션을 정의하기 위해 이 흐름을 구분하면 다음과 같다.

① 원인이 되는 금전적인 '자극'이 있고

② 자극을 받아 관련 뇌 혹은 몸속 환경이 '변화'를 일으킴으로써

③ '행동'으로 옮긴다.

행동이라는 결과에 이르는 과정에는 뇌를 중심으로 한 직접적인 원인이 있고, 그 뇌에 작용하는 간접적인 원인이 있다. 이 간접적인 원인을 '모티베이터motivator'라고 부른다.

모티베이터에는 외부적인 것만이 아니라 머릿속 상상이나 생각에서

그림 02 **모티베이션 관련 용어 정리**

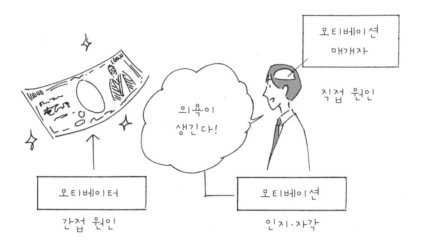

비롯된 내부적인 것도 있다.

그리고 특정 뇌 부위에 모티베이터가 전달되었을 때 일어나는 신경 세포의 반응과 그에 따라 방출되는 화학물질을 총칭해 '모티베이션 매개자motivation mediator'라고 부른다. 이 모티베이션 매개자에 의한 반응을 인지한 상태가 바로 모티베이션이다. 지금까지 얘기한 것을 정리하자면 다음과 같다.

모티베이터 = 행동을 유발하는 간접적인 원인

모티베이션 매개자 = 행동을 유발하는 직접적인 체내 상태

모티베이션 = 행동을 유발하는 직접적인 체내 상태를 인식한 상태

모티베이션 매개자가 의욕이 넘치는 상태라면 모티베이션은 **의욕에 넘쳐 있는 자신을 인지한 상태이다.**

뭔가 자신이 갖고 싶은 것이 있을 때 그것에 대해 '바짝' 주의를 환기시키는 무의식적인 내부 반응이 있을 것이다. 대부분의 경우 잘 의식되지는 않지만, '바짝' 주의력이 쏠리는 자신의 상태를 인식하고 느낄 수 있다. 그 대상을 향한 자신의 상태를 '지금 내가 바짝 주의를 기울이고 있구나'라고 인식하는 뇌의 구조와 자신을 '바짝' 주의를 환기시키는 뇌의 구조는 서로 다르다.

모티베이션이 높아졌다거나 낮아졌다고 말할 수 있는 것도 자신의 상태를 확실히 인식하고 있기 때문에 가능하다. 이처럼 모티베이션 매개자를 느끼고 인지한 상태가 바로 모티베이션이다.

원래 자신은 모티베이션이 없다고 말하는 사람들도 있다. 하지만 모티베이션이 전혀 없는 상태, 즉 모티베이션 매개자가 생기지 않는 사람은 거의 없다. 주의를 기울이지 못해 인지하지 못할 뿐이다.

모티베이터나 모티베이션 매개자는 사람마다 다르다. 따라서 자신의 모티베이션을 잘 이해하려면 자기 자신에 대한 메타인지가 선행되어야 한다. 자신의 모티베이션이 높아진다고 해서 똑같은 요인으로 타인의 모티베이션도 높아진다고 볼 수는 없다. 하지만 사람들은 자기에게 맞는 모티베이션이 타인에게도 모티베이션이 될 수 있다고 무심코 판단해버리는 경향이 있다. 모티베이션을 높이는 요인이 사람마다 다르다는 사실을 받아들이고 존중하는 것, 즉 모티베이션의 다양성을 인

정하는 것이 팀이나 조직의 모티베이션을 전체적으로 높이는 출발선
이 된다.

모티베이션에 관여하는 뇌의 시스템

인간의 행동은 어느 정도 '보상회로'라 불리는 뇌의 시스템에서 제
어되고 있는 것으로 알려져 있다. 그러나 보상회로에 대한 이해만으로
는 모티베이션의 전체상을 파악할 수 없다.

인간의 뇌는 다양한 조직으로 이루어져 있다. 전체 조직의 일부로서
모티베이션에 직접적으로 관여하는 보상회로가 존재하지만, 이것이
다른 조직과 어떻게 상호작용하고 있는지를 파악해야 한다.

공복 상태와 모티베이션의 관계, 혹은 수면과 모티베이션의 관계,
심지어 스트레스와 모티베이션의 관계 등은 보상회로만 가지고 설명
하기 어렵다. 배고픔과 수면, 스트레스가 모티베이션에 영향을 미친
다는 것은 누구나 알 것이다. **모티베이션에 영향을 미치는 다른 시스템과의
상호 관계를 이해하지 못하면 표면적인 모티베이션의 사실 확인에 그치고 말 것
이다.**

모티베이션을 키우기 위한 힌트 1

메타인지의 중요성

우선 자기 자신의 모티베이션을 소중히 여긴다. 자신의 모티베이터와 모티베이션 매개자가 작동하는 상태에 주의를 기울인다. 다른 사람의 모티베이션은 자기 자신의 모티베이션을 잘 살펴본 뒤 활용 여부를 결정한다.

모티베이션을 높이는 방법은 남들과 달라도 좋다

나와 다른 사람의 모티베이션 양상은 같지 않다. 사람마다 경험하는 것이 다르기 때문에 모티베이션 양상도 다양하게 나타난다. 다른 사람의 모티베이션 방식을 단정 짓지 말고 서로의 방식을 받아들이고 즐긴다. 타인의 모티베이션에 맞추려 하지 말고 자신의 모티베이션을 스스로 발견한다.

그림 03 **뇌 단면도**

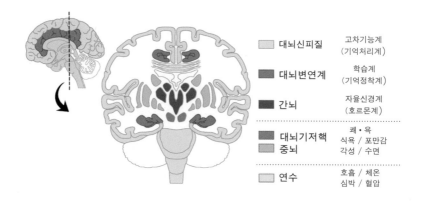

대뇌신피질	고차기능계 (기억처리계)	
대뇌변연계	학습계 (기억정착계)	
간뇌	자율신경계 (호르몬계)	
대뇌기저핵 중뇌	쾌·욕 식욕 / 포만감 각성 / 수면	
연수	호흡 / 체온 심박 / 혈압	

뇌의 구조를 파악한다

　인간을 포함한 동물의 뇌는 진화의 근원이 되는 뇌간으로부터 표면으로 가까워질수록 고차원적인 기능을 담당한다. 뇌의 하부에는 나무줄기와 같은 구조를 하고 있는 '뇌간'이라는 부위가 있다. 이 뇌간은 크게 세 개의 구조로 나뉘어져 있으며 각각 밑에서부터 '연수', '교뇌', '중뇌'라 불린다. 뇌의 최하부에 위치한 연수는 호흡, 체온 조절, 심장박동 등 무의식적이면서 자동적으로 작동하는, 생존에 필수적인 기능을 담당한다. 또한 뇌간의 위쪽에 있는 중뇌와 그 위쪽, 그리고 바깥쪽에 위치한 '대뇌기저핵'이라 불리는 뇌 부위는 식욕, 수면, 쾌감 등의 기능에 관여한다.

중뇌의 한 영역인 '복측피개영역VAT(Ventral Tegmental Area)'은 도파민을 방출하는데 상부의 대뇌변연계나 대뇌신피질 등의 고위 부위에 영향을 미친다.

뇌간과 대뇌변연계 사이에 위치한 '간뇌'는 우회로로서 고차원적인 뇌 기능과 원시적인 뇌간을 연결한다. 간뇌는 몸 전체와 소통하기 위해 교감신경, 부교감신경이라는 온몸에 퍼져 있는 자율신경계와 연락을 주고받는다. 또 호르몬을 합성해 화학물질을 온몸에 작용시키는 기능도 갖고 있다.

대뇌변연계는 학습과 관련된 부위로, 해마Hippocampus나 편도체 Amygdala가 관여하며 감정과 기억에 깊이 관련되어 있다. 해마나 편도체를 감싸듯이 상부에 위치하는 대뇌신피질은 창의성, 수렴 사고, 발산 사고 등 사고와 관련된 고차원적 뇌 처리 기능을 담당한다.

뇌의 기능을 살펴보면 예로부터 있어왔던 뇌 기능, 즉 뇌의 하부 구조가 모티베이션으로 우선되는 경우가 많다. 예를 들면 수면 부족 상태가 되면 생존을 위해 수면이 우선시되면서 고차원적인 기능은 발휘하기 어려운 상태가 된다. 호흡이나 체온이 일정하지 않으면 학습이나 일의 모티베이션은 우선순위에서 밀려난다. 따라서 학습계나 고차원적 뇌 처리 기능 시스템의 모티베이션을 이끌어내기 위해서는 뇌간이나 간뇌 등에서 담당하는 기능의 컨디션을 잘 유지해야 한다.

모티베이션의 시스템을 파악한다

모티베이션을 '점'이 아닌 '시스템'으로 본다. 그 일례로 보상회로뿐만 아니라 보상회로와 관련된 몸 안팎의 다양한 현상에도 주의를 기울이면 좋다.

몸의 컨디션과 심리 상태는 모티베이션에 크게 영향을 미친다. 건강, 수면, 생활 리듬의 질을 높임으로써 모티베이션이 높아질 수 있다.

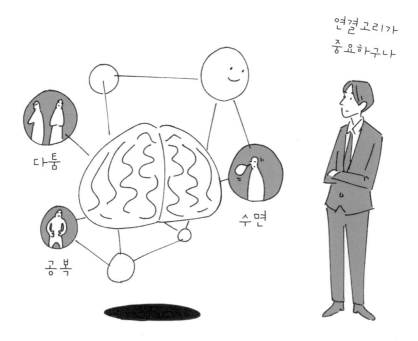

연결 고리가 중요하구나

다툼

수면

공복

03

신경과학적
욕구 5단계

비즈니스를 하는 사람이라면 누구나 한 번쯤 에이브러햄 매슬로의 '자아실현 이론'에 대해 들어봤을 것이다. 1943년에 출간된 『인간 동기 이론_A Theory of Human Motivation_』에서 매슬로는 인간의 욕구를 '생리적 욕구', '안전 욕구', '사회적 욕구', '존경, 평가의 욕구', '자아실현의 욕구' 등 다섯 단계로 나누어 설명한다. 나는 이 책에서 매슬로의 이론을 전용해 신경과학의 해부학적 견지에서 '신경과학적 5단계'를 설정하여 설명할 것이다. 매슬로의 자아실현 이론에 비추어 인간의 욕구를 탐구하면 모티베이션에 관해 더욱 깊이 이해할 수 있기 때문이다.

모티베이션을 높이려면 생활 리듬부터

몸의 컨디션이 얼마나 중요한지는 그림 4를 보면 잘 알 수 있다. 아랫부분에 자리한 건강, 수면, 생활 리듬 등의 욕구는 중간적인 뇌 부위

그림 04 **신경과학적 욕구 5단계**

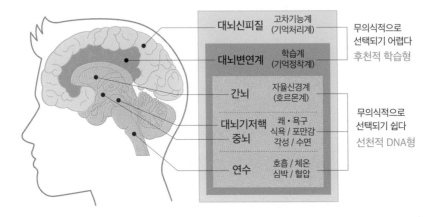

에 큰 영향을 미친다. 뇌 속에 생활 리듬을 모니터링하는 부위가 따로 있다는 사실에서 알 수 있듯이 이 욕구를 조정하는 것은 모티베이션을 파악하는 데 키포인트가 된다. 요컨대 모티베이션을 파악하기 위해서는 생활 리듬이나 심리적 상태 등을 종합적으로 고려해야 한다.

모티베이션이 높아지지 않는다고 느낄 때는 일단 자신의 컨디션을 살펴보는 것이 좋다. 우선 생활 리듬 면에서 모티베이션에 강한 영향을 미치는 것은 '세로토닌'이라는 뇌 속 신경전달물질이다.

아침햇살을 받아 일정 광량이 넘어서면 뇌 속에 세로토닌이 만들어진다. 이 세로토닌은 아침에 햇빛을 받아 합성되기 시작해 최대치를 기록하다가 점심, 저녁, 밤으로 가면서 감소한다. 감소하는 과정에서 세로토닌의 분자 구조가 바뀌며 서서히 '멜라토닌'이라는 신경전달물질이 증가한다. 멜라토닌은 밤에 최대치를 기록하면서 수면을 유도하는 요소로 작용한다. **아침의 세로토닌 양이 많으면 그에 비례해 밤의 멜라토닌 양이 많아지기 때문에 아침에 많은 양의 세로토닌을 만들어 놓는 것이 밤의 좋은 수면으로 이어진다.**

또한 세로토닌이 일정 정도 이상 활성화되면 마음이 차분해진다. 저녁만 되면 마음이 안정되지 못하고 쉽게 초조해진다면 세로토닌이 멜라토닌으로 변환되면서 세로토닌이 뇌에 충분히 공급되지 못한 것은 아닌지 의심해볼 수 있다.

모티베이션에는 에너지가 필요하다

모티베이션을 신경과학적 욕구 5단계로 파악하기 전에 미리 알아둘 것이 있다. 피라미드의 하부에 있는 욕구로 갈수록 태어날 때부터 이미 뇌 속에 그 회로가 만들어져 있다는 사실이다. 갓 태어난 아기가 자발적으로 호흡하고 체온을 일정하게 유지할 수 있는 것은 뇌 속에 이미 그에 관한 회로가 만들어져 있기 때문이다.

강한 회로를 갖고 있으면 에너지 효율이 좋다. 반면 피라미드 상부에 있는 욕구를 만족시키기 위해 뇌가 기능하려면 상당한 에너지를 필요로 한다. 애초에 강한 신경회로가 갖추어져 있지 않기 때문이다.

원래 별로 강하지 않던 신경세포는 반복해 사용됨으로써 견고해지고 짙어지면서 기억 흔적으로 남게 된다. 기억 흔적으로 남은 부분에는 시냅스에 수용체가 이동하고, 조금씩 신경교세포에서 미엘린 수초라 불리는 구조체가 영양분을 받아 두꺼워지며, 신경전달물질을 보내는 소포체의 수가 늘어나는 등의 변화가 일어난다. 기억 흔적을 세포로 성장시켜야 하기 때문에 에너지가 필요하다. **피라미드의 상단에 있는 '후천 학습형'이라 불리는 부분은 많은 에너지를 필요로 하기 때문에 무의식적으로 선택되기 어렵다.**

지금까지 살펴본 내용을 바탕으로 모티베이션을 다시 정의해보자.

우리가 일반적으로 사용하는 모티베이션이라는 말은 기본적으로 뇌의 대뇌신피질에 있는 다양한 종류의 사고나 창의성과 관련된 고차 기능계 혹은 대뇌변연계와 관련된 학습 기능계에 쓰인다. 그리고 그때의 몸 속, 뇌 속 변화를 인지한 상태를 모티베이션이라고 한다.

일반적으로 우리가 고양시키려는 모티베이션은 '뇌의 고차원적 기능, 또는 학습과 관련된 행동을 직접적으로 유인하는 체내 및 뇌 속 변화를 인식한 상태'라 할 수 있다.

이것이 신경과학적인 관점에서 본 모티베이션의 정의다.

그렇다면 뇌의 고차원적인 기능 조직에는 어떠한 것이 있을까. 다 소개할 수는 없지만 관심이 있는 사람은 뇌의 브로드만 영역Brodmann Area을 검색해보기 바란다. 브로드만 영역은 대뇌신피질의 기능을 해

그림 05 **브로드만 영역**

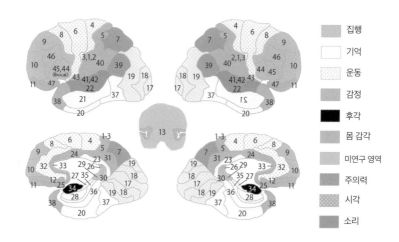

부학적인 견지에서 정리한 것으로 실제 52개의 기능으로 분류되어 있다. 뇌의 각 부위가 갖는 각각의 기능이 대략적으로 정의되어 있다. 뇌의 주름 각각에 명칭이 부여되어 있고 주름과 주름 사이에도 제각각의 명칭과 기능이 있다.

이 다종다양한 대뇌신피질의 기능은 결코 한 부위로만 활용되지 않고, 조합되어 사용된다. 뇌의 기능은 대뇌변연계 아랫부분, 뇌의 각 부위에 존재하는 기능과 조합됨으로써 다양한 정보 처리를 가능하게 하고 있다. 대뇌신피질만 해도 50개 이상으로 분류되고 또 다른 대뇌변연계나 간뇌 등의 기능과 조합되면 실로 다양한 기능이 된다. 그것은 매슬로의 욕구 단계설에 소개된 기능에만 머무는 것이 아니라 실제로 원시적인 것에서부터 고차원적 기능에 이르기까지 다양한 뇌 기능을 낳는다.

상향식 모티베이션을 전용한다

모티베이션에는 하향식과 상향식의 두 가지 접근방식이 있다. 하부 기능일수록 무의식에 가까운 상태에서 상향식으로 유발되고, 상부 기능일수록 의식적으로 하향식 접근 방식에 의해 유발된다.

예를 들어 '배가 고프다', '졸립다'와 같은 욕구는 상향식 모티베이션으로 무의식적으로 유발된다. 반면 '이에 대해 생각해보자', '이 공부를 해보자'와 같은 정동은 하향식 모티베이션으로 의식적인 유인을 필요로 한다.

일반적으로 상향식 모티베이션은 하향식 모티베이션보다 강하게 작용한다. 생존은 그 무엇에도 우선하기 때문이다. 하지만 반드시 그런 것은 아니다. 인간은 자제심을 바탕으로 상향식 모티베이션을 억누르고 하향식 모티베이션을 토대로 정보 처리를 실행하기도 한다. 앞서 기술했듯이 **상향식 모티베이션이 우리 행동에 미치는 영향이 크기 때문에 자신이 의도한 모티베이션을 이끌어내려면 무엇보다 자제심을 잘 발휘해야 한다.**

모티베이션과 관련하여 지금까지는 상향식 모티베이션을 억제하고 하향식 모티베이션을 높이려는 접근법이 주류를 차지해왔다. 또한 지금도 유용하게 쓰이고 있다. 하지만 다른 방법이 대두하고 있다. **상향식 모티베이션을 하향식 모티베이션을 위한 양분으로 전용하는 방법이다.**

'배가 고프다'고 느끼면 '음식을 먹고 싶다'는 상향식 모티베이션이 작용한다. 이때 뇌 속에는 대량의 도파민이 방출된다. **모티베이션의 방향이야 어떻든 뇌 속에서 도파민이 만들어지고 있는 상태가 현상으로 존재하므로 그 상태를 잘 활용하는 것이다.**

이를테면 배고프다고 느낄 때 나오는 도파민을 '공부'에 '의식적으로' 전용할 수 있다면 학습 성과를 높일 수 있다. 이는 서브리미널 효과*를 이용한 실험을 통해 도파민을 유도하면 실제로 기억 정착이 높아질 수 있다는 연구를 응용한 것이다.[5]

가령 나는 상향식 시스템의 결핍 상태를 하향식 시스템으로 살리는 방법으로, 평소 좋아하는 커피를 이용한다. 좋아하는 커피를 눈앞에 둘 뿐 마시지는 않는다. 마시고 싶을 때 도파민의 양은 최대치가 된다.

우선 이 상태를 '알아차리는' 것이 첫 번째 단계. 그다음에 그 '마시고 싶다'는 상태의 상향식 모티베이션을 어디에 활용하고 싶은지 의식적으로 유도한다. 두 번째 단계에서는 이 '주의의 전환'을 하향식으로 지령한다. 다른 이유로 극대화된 도파민을 알아차린 다음 자신이 지금 하고 싶은 일에 의식을 돌림으로써 전용하는 것이다. 도파민이 분비되는 상태는 변함이 없기 때문에 잘하면 도파민의 효능을 원하는

---

* subliminal effect. 심리학 용어로, 지각하기 어려울 정도의 짧은 시간 동안 노출되는 자극을 통하여 잠재의식에 영향을 미치는 현상을 의미한다—옮긴이.

일에 활용할 수 있다. 이는 훈련을 통해 가능하다.

약간의 공복감이 있을 때 오히려 일이나 공부 효율이 높아지는 경험은 누구나 해봤을 것이다. 도파민이 전전두피질에 작용하여 집중력을 높이기 때문이다. 공복 상태에서 나오는 도파민을 자신이 의도한 대상으로 잘 전환해 활용할 수 있다면 집중력의 향상도 기대할 수 있다.

체조 선수인 우치무라 코헤이는 1일 1식을 하는 것으로 유명하다. 많이 먹지 않는 것이 집중에 도움이 된다는 이유에서다. 이런 운동선수들은 의외로 많은데 이는 과학적으로도 입증된 사실이다.

종교적인 목적으로 단식을 하는 경우도 있다. 이 또한 뇌 속 반응에 변화를 일으켜 수행 능력 등에 영향을 미칠 수 있다. 여러분의 의사와는 무관하게, 뇌가 무언가를 원하고 요구하는 상태는 도파민을 유도하기 때문에 이런 상태를 주의력과 기억 정착 효율을 높이고 창의성을 향상시키는 데 활용할 수 있다.

하지만 공복 상태를 알아차리고 주의를 돌리는 데 익숙하지 않다면, 단지 강한 상향식 모티베이션이 고개를 쳐들면서 오히려 주의력이 분산되고 수행 능력 또한 떨어질 수 있다.

일단 점심시간을 앞두고 배고픈 상태를 알아차렸다면 이를 기회 삼아 남은 10분간만이라도 집중해보자. 배고플 때 도파민을 조금씩 활용해보는 일부터 시작하는 것이 좋다. 분명 10분 동안 높은 집중력을 발휘할 것이다.

모티베이션을 키우기 위한 힌트 3

주의의 전환을 활용한다

도파민을 유도하는 자극에 주의를 기울여 도파민을 자극하고, 그 상태에서 주의를 전환해 목적한 성과를 이룬다.

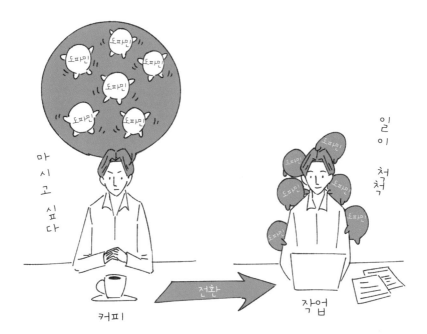

의욕 스위치를 만든다

하향식 모티베이션을 쉽게 유도하는 또 다른 방법은 '모티베이션 트리거'를 만드는 것이다. 이른바 '의욕 스위치'다.

의욕 스위치는 누군가 대신 눌러주는 것이 아니다. 누르기 위한 스위치는 스스로 만들어야 한다. 모티베이션 트리거란 자신의 모티베이션을 의식적으로 높이기 위한 '주술'과도 같다. 자신만의 주술을 만드는 몇 가지 방법을 소개한다.

자신이 좋아하는 명언이나 책, 드라마나 애니메이션의 인상적인 장면이 있을 것이다. 혹은 마음에 드는 음악도 좋다. **실제로 보고 듣거나, 머릿속에서 말을 되뇌이거나 영상을 그리면 확실히 모티베이션이 높아진다.**

"아니, 애니메이션이나 만화로 모티베이션이 높아진다니 말도 안돼."

이렇게 말하는 사람도 간혹 있다. 확실히 애니메이션이나 만화 등에 흥미가 없는 사람에게는 전혀 효과가 없을 것이다.

하지만 진심으로 마음을 움직일 만큼 깊은 인상을 받은 사람이라면 틀림없이 모티베이션이 높아지는 효과가 있다. 왜냐하면 본인에게 의욕이 생기면 누가 뭐래도, 그게 어디에서 생긴 자극이든 상관없이, 본인의 도파민을 유도해 전용할 가능성이 있기 때문이다. 세상에는 심금을 울려 모티베이션을 유발하는 롤 모델이 될 만한 대상들이 수두룩하다.

이때 마음에 드는 것을 실제로 보고 듣거나 머릿속으로 상기한 후에 그 효과를 주의 전환에 활용해야 한다. 실제로 좋아하는 애니메이션이나 만화로 자신의 고양감을 고취시킨다는 몇몇 운동선수들을 본 적이 있다. 꼭 애니메이션이나 만화가 아니어도 좋다. 모티베이션은 자신이 뛰어난 성과를 냈을 때의 영상을 반복해 보면서 높일 수도 있고, 동경하는 공연자의 최고로 멋진 장면을 보고 배우면서 높일 수도 있다.

경기에 임하는 선수들이 좋아하는 음악을 들으며 기분을 고취시키는 모습을 종종 보았을 것이다. 시중에는 '모티베이션을 고양시키는 음악'들도 많이 나와 있다. 하지만 '모티베이션이 높아진다'는 추천 음악을 듣기보다 자기 기준에서 스스로를 고양시키는 음악을 선택하는 것이 좋다.

당연히 애니메이션이나 만화, 음악에 구애받을 필요는 없으며 다른 소재나 자기 체험이어도 상관없다. 어떠한 소재이든 자신을 고양시키는 모티베이터를 찾는 게 우선이다. 메타인지에 관해 말한 것처럼, 자신의 감정을 잘 들여다보며 무엇이 자신을 고양시키는지 한번 진지하게 찾아보자.

모티베이터와 신체 동작을 연관 짓는다

모티베이터와 연관지어 신체 동작을 도입하면 모티베이터의 효과를 더욱 높일 수 있다. 모티베이터를 상상하거나 듣거나 했을 때 자신만의 관례, 즉 루틴을 만드는 것이다. 이때 그 움직임은 독특하면서도 간단한 것일수록 좋다.

무엇보다 독특한 움직임을 모티베이터와 연관 짓는 것이 좋다. 스즈키 이치로가 타석에 들어서기 전에 몸을 굽혔다 펴고 타석에 들어서는 발판을 다지면서 투수를 바라보며 방망이를 세우는 일련의 동작을 생각해보면 짐작이 될 것이다.

독특한 신체의 움직임과 모티베이션을 높이는 메시지 등을 뇌와 관련지어 반복 학습하면 **어느새 독특한 루틴이 자신의 모티베이션을 높이기 위한 스위치가 된다.**

어째서 독특해야 할까. 단순히 손을 드는 등의 일상적인 동작으로는 모티베이션을 높이는 스위치가 되기 힘들기 때문이다. 기도할 때처럼 눈앞에서 성호를 긋거나 던지는 공에 말을 걸어보는 등의 루틴처럼 평소에는 잘 하지 않는 독특한 움직임을 만드는 것이 좋다.

하지만 루틴이 너무 복잡하면 습득하는 데 시간이 오래 걸리고 재현성도 낮아지는 단점이 있다. 익숙해지기 전에는 반드시 이치로 선수처럼 세세한 룰을 설정할 필요는 없다. 가능하면 '가슴에 손을 얹고 눈을 감아 5초 세기' 등의 단순한 루틴이 처음에는 실행하기 쉽다.

그렇지만 간단한 루틴이라도 모티베이션 트리거를 습득하는 일은 하루아침에 이루어지지 않는다. 우선은 자신을 고양시키는 말이나 음악 등의 대상을 특정한다. 그리고 그것을 실제로 보고 듣거나 뇌로 상기시킨다. 더 나아가 실제로 자기의 고양감을 뇌로 표현한다. 자신만의 독특한 루틴을 창조하고 뇌 속에서 이를 관련짓는다. 모티베이터, 고양감, 독특한 루틴을 '동시에' 뇌 속에서 반복해 표현하고, 뇌로 하여금 그 결합을 학습하게 하는 것이다.

신경과학의 대원칙에 'Neurons that fire together wire together'라는 말이 있다. '함께 발화하는 뉴런은 서로 결합한다'는 의미다.

파블로프의 원리는 신경세포 차원에서도 확인된다. 이것을 헵 법칙이라고 한다. 개에게 먹이를 보여주면 침을 흘리지만 종소리에는 침을 흘리지 않는다. 하지만 개에게 고기를 보여주면서 종소리도 같이 들려주는 일을 반복하게 되면 나중에 개는 종소리만 들어도 침을 흘리게 된다. 종소리를 처리하는 신경세포와 침을 유발하는 신경세포가 '결합'되었기 때문이다.

모티베이션 트리거를 획득하려면 모티베이터, 고양감, 루틴이 뇌 속에서 동시 발화에 의해 연결되어야 하기 때문에 이를 매일 반복할 필요가 있다. 그래야만 루틴이 모티베이터의 역할을 수행해 고양감을 이끌어낼 수 있다.

그리고 루틴을 반복하여 실행할 때는 고양감을 의식하면서 해야 한다. 마음에도 없는 루틴은 반복해봐야 아무 소용이 없다.

모티베이션 트리거를 만든다

하고 싶은 일이나 할 일을 실행하기 전에 자신만의 독자적이면서 손쉽게 할 수 있는 모티베이션 트리거를 만들어 실행을 습관화한다.

04

분자 세계에서 파악한
모티베이션

도파민과 노르아드레날린

   뇌에서 합성되는 신경전달물질 가운데 모티베이션에 직접적인 영향을 주는 두 가지 신경전달물질이 있다. 도파민과 노르아드레날린이다.

   신경전달물질의 관점에서 모티베이션을 파악하기 위해서는 다음과 같은 점을 이해하는 것이 중요하다.

   ① 신경전달물질 자체가 모티베이션을 높이는 내부 환경의 변화를 가져온다.

   ② 신경전달물질이 방출될 때의 상황을 뇌에 기억으로 저장한다.

   ③ 신경전달물질에 의해 변화된 기억 상태가 다음 신경전달물질을 방출할 때 영향을 미친다.

   신경전달물질과 기억 간의 상호관계 속에서 모티베이션의 구조가 성립한다.

도파민과 노르아드레날린은 우리의 행동을 유도하는 동시에 주의력에 영향을 미치며, 수행 능력을 크게 좌우한다.

도파민은 기본적으로 탐색SEEK을 위한 정동情動으로, 시그널이나 정보에 접근할 때 방출된다. 반면 노르아드레날린은 투쟁-도주Fight or Flight 반응에 큰 역할을 하는 교감신경과 연동해서 방출되는 경우가 많다.

도파민은 수많은 정보 사이에서 의도하지 않은 정보를 줄임으로써 인지성을 높인다. 한편 노르아드레날린은 의도한 정보와 의도하지 않은 정보, 모든 정보에 대해 인지성을 높인다.

따라서 모티베이션을 높여 뭔가에 집중하거나 성과를 극대화하기 위해서는 '노르아드레날린의 작용'과 '도파민의 작용'이 모두 필요하다. 전투태세적인 노르아드레날린은 정보에 의식을 쏟게 하고, 도파민은 기대에 부푼 마음으로 의도한 것을 탐색하는 마음(뇌) 상태가 되게 함으로써 쓸데없는 정보에 주의를 빼앗기지 않게 한다.

도파민과 노르아드레날린에는 또 다른 특징이 있다.

도파민이 분비되면 'β엔도르핀'이 만들어지기 쉬운 환경이 된다. '뇌 속 마약'으로 불리는 'β엔도르핀'은 모르핀보다 진통 효과가 몇 배나 높아서 고양감과 행복감을 불러일으킨다. 반면 노르아드레날린은 싸울 때 분비되는 '코르티솔'이라 불리는 스트레스 호르몬을 활성화시킨다. 코르티솔은 부신피질 호르몬의 일종으로, 인체에 적절한 양이 필요하지만 과다한 스트레스로 다량 분비될 경우 뇌의 해마를 수축시킨다.

즉 어떤 행동을 유발하는 요인이 생겼을 때 다음의 두 가지가 길항적으로 작용한다.

① '더 행동하고 싶다'는 쾌감을 낳는 'β엔도르핀' 계열

② '이제 그만하고 싶다'고 스트레스를 받는 코르티솔 계열

이 균형이 행동을 일으킬 때 이를 오래 지속할지 그만둘지를 결정하는 지표가 된다. 따라서 도파민과 노르아드레날린의 관계를 아는 것은 인간의 행동 혹은 모티베이션을 이해하는 단초가 된다.

이 두 가지 신경전달물질의 방출 상태에 따라 모티베이션의 패턴을 다음 4가지로 정리할 수 있다.

1) 저공비행의 타성 모티베이션

노르아드레날린이 적고, 도파민도 나오지 않는 왼쪽 아래 사분면은 저공비행의 '타성 모티베이션' 상태다. 원점은 극단적인 사례에 해당하는 '무기력 상태'이다. 이것은 질환으로 볼 수 있는 특수한 경우에 해당한다.

약간의 도파민과 약간의 노르아드레날린으로 행동하는 패턴은 이 사분면으로 말할 수 있다. '크게 원하지 않지만 그다지 스트레스도 많이 받지 않는' 상태에서 보이는 행동이다.

처음에는 스트레스를 느껴도 그 상태에 익숙해지거나 익숙해짐에 따라 스트레스가 줄어드는 경우가 있다. 과거의 기억을 바탕으로 패턴

그림 07 **모티베이션의 4가지 유형**

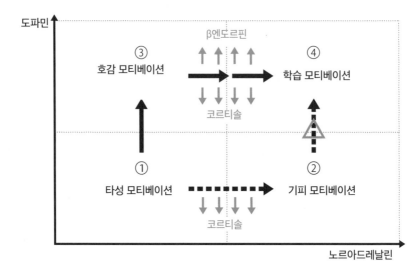

행동을 반복할 때에는 이 사분면의 뇌 상태일 가능성이 크다. 새로운 도전이나 학습을 하지 않는 행동 패턴의 사분면이라고 할 수 있다.

2) 마지못해 하는 기피 모티베이션

노르아드레날린의 양이 많고 도파민이 적은 오른쪽 하단의 사분면은 '기피 모티베이션' 상태다. 말 그대로 싫어서 회피하려는 행동을 낳는 모티베이션으로, 별로 원하지 않는 것을 대면할 때의 모티베이션이다. 도파민이 나오지 않아 노르아드레날린의 주도로 행동을 취하는 상태다. 이때는 탐색이 이루어지지 않을 뿐만 아니라, 주변 소음에 주의를 기울이기 쉽고, 산만해져 집중하기도 어렵다. 따라서 학습이나 일의 모티베이션으로는 효율적이지 못하다.

노르아드레날린이 주도하는 상태에서는 스트레스가 쌓이기 쉽다. 왜냐하면 노르아드레날린이 우위에 서면 교감신경의 '투쟁-도주' 모드가 작동하면서, 스트레스 호르몬인 코르티솔이 분비되기 쉽기 때문이다.

또한 과도하게 코르티솔이 분비되어 편도체가 과활성화되면 전전두피질의 활동이 약화되어 **자기가 머릿속에 그린 것과 다른 행동을 하기 쉽다.** 자기가 의도한 대로 일하기가 어려워지면서 하기 싫은데도 해야 하는 상태에 빠질 수 있다.

스트레스를 받으면서 그 상태를 벗어나고 싶은 기피 모티베이션으로는 행동을 지속해나가기가 힘들다. 지속한다면 강제로 제3자로부터 행동이 통제되는 패턴이 될 것이다. 이는 상대방에게 엄청난 스트레스를 주면서 사고를 정지시키고 복종시키는 공포정치나 다름없다. 기피 모티베이션으로 행동이 지나치게 반복되면 우울증 등 스트레스 질환을 유발할 수 있다.

3) 새로운 것에 도전하는 호감 모티베이션

그림 7의 왼쪽 위 사분면은 도파민이 주도하는 상태에서 일어나는 행동이다. 도파민의 양이 많고 노르아드레날린의 양이 적은 '호감 모

티베이션'은 원하는 자극과 정보를 향한 상태에서 새로운 것을 배우고 학습하려는 상태다. 과거의 경험에서 큰 쾌감을 얻고 있기 때문에 강하게 욕구하는 행동을 취할 때에는 호감 모티베이션이 될 가능성이 크다.

도파민이 방출되는 이 상태에서는 소음에 주의를 뺏기지 않아 어느 정도 집중은 할 수 있지만 노르아드레날린에 의한 주의력은 얻을 수 없다. 도파민과 노르아드레날린이 함께 분비될 때와 비교하면 인지적인 수행 능력은 떨어진다고 볼 수 있다. 하고 싶은 일을 하고 있는데도 집중을 잘 못하고 있는 상태이다.

호감 모티베이션은 학습 초기에 내용을 잘 모르는 상태에서 일어나기 쉽다. 아무런 근거 없이 '어떻게든 되겠지'라는 마음으로 도파민을 유도해 대상에 접근한다. 그것은 그림 8에 나타난 인간의 자기인지 연구에서도 설명 가능하다(이 그림은 동시에 우리의 메타인지가 약하다는 사실을 드러내고 있다).

유머감각이든 논리적 사고든 문법이든 간에 점수가 낮은 사람은 자신을 객관적으로 파악하는 능력이 떨어지는 경우가 많다. 그들은 실제보다 자신이 더 잘할 수 있다고 생각하는 경향이 있다. 학습이 부족하면 부족할수록 자신의 부족함을 인지하지 못하기 때문에 스스로를 실제보다 높게 보는 것이다. 이는 인간의 낮은 자기인지 능력으로 설명되는 경우가 많은데 사실 그렇지 않다. **미숙한 것에 대해 자기 능력을 높게 어림잡는 구조가 있기 때문에 새로운 학습에도 적극적으로 도전할 수 있는 것**

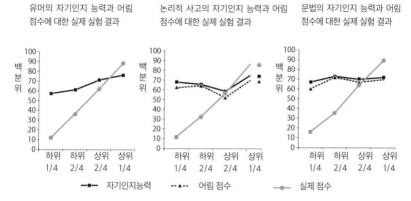

그림 08 **자기인지 능력과 실제 실험 결과**

유머의 자기인지 능력과 어림
점수에 대한 실제 실험 결과

논리적 사고의 자기인지 능력과 어림
점수에 대한 실제 실험 결과

문법의 자기인지 능력과 어림
점수에 대한 실제 실험 결과

Kruger, J., & Dunning, D. (1999). Unskilled and Unaware of It: How Difficulties in Recognizing One's Own Incompetence Lead to Inflated Self-assessments. *Journal of Personality and Social Psychology*, 77(6), 1121-1134 을 토대로 작성.

이다.

　도파민은 도전을 향한 시도TRY의 정동으로도 알려져 있다. 쥐를 대상으로 한 실험에서도 도파민의 양이 많을수록 결과적으로 더 어려운 작업을 시도하는 것으로 나타났다.[6] 도파민이 많이 방출될수록 어려운 일에 도전할 확률이 높아지는 것이다.

　또한 도파민은 행동을 개시하는 정동으로도 알려져 있다. 정작 행동을 유인해 자극이나 신호를 얻으면 도파민이 잘 나오지 않는다. 자극을 발견해 접근하기 전 단계, 즉 탐색 단계에서 도파민이 많이 방출된다.[7] 도파민에 의해 정보를 얻거나 뭔가를 배우면, 그에 따른 쾌감의 발로로 β엔도르핀이 합성된다. 편안함을 뇌에 표현하고 감정 반응 기억으로 정착시켜 다음에 유사한 정보가 나타났을 때 반응 속도를 높이도록 작용한다.

그러나 새로운 것을 배울 때 난이도가 높을수록 긍정적인 피드백을 얻거나 쾌감을 맛보는 경우는 많지 않다. 그 결과 자기 능력을 잘 발휘하지 못하거나 눈앞의 정보를 이해하지 못하는 등 뇌로서는 스트레스 과잉 상태가 될 수 있다. 이 경우 β엔도르핀은 합성되기 어렵다. 그래서 뇌는 수행 능력을 높이고 집중력을 높이려고 노르아드레날린을 분비한다. 그래도 안 되면 스트레스 호르몬을 분비할 가능성이 높아진다.

새로운 것을 배울수록 이상과 현실 사이에 괴리가 생기면서 자신의 미흡한 점이 부각된다. 그러다 보면 스트레스가 쌓이면서 부정적인 감정 반응이 일어난다. 결국 학습에 대한 흥미가 떨어지면서 처음에 높았던 의욕마저 사라져 금세 포기해버리게 된다.

도파민의 작용만으로는 지금 하고 있는 일이나 학습을 그만두게 되는 상황이 벌어질 수 있다. 또는 처음에는 원해서 시작했지만 어느새 시켜서 하는 느낌이 강해지면서 '기피 모티베이션'이 돼버리는 경우가 많다.

따라서 '호감 모티베이션'은 계속 그 상태에 머물러 있는 유형의 모티베이션이 아니다. 행동이나 학습의 난이도가 높을수록 기피 모티베이션으로 바뀔 가능성이 크다. 따라서 여기서 관건은 어떻게 호감 모티베이션에서 '학습 모티베이션'으로 이행시키느냐이다.

4) 도전을 배움으로 전환시키는 학습 모티베이션

마지막으로 노르아드레날린과 도파민이 모두 적당히 나와 있는 오른쪽 상단의 모티베이션을 '학습 모티베이션'이라 부른다.

이 두 가지 신경전달물질이 나온 상태에서 보이는 행동은 전달물질 자체의 효과와 지속성을 유지시켜 기억력을 크게 향상시키고 뇌를 모든 학습에 최적화된 상태로 만들어준다.

성인은 학습에 에너지를 많이 쓰기 때문에 스트레스를 많이 받는다. 체득하는 지식과 기능의 난이도가 높을수록 스트레스 수치도 높아진다. 그러나 스트레스를 일으키는 노르아드레날린의 반응이 반드시 나쁜 것만은 아니다. 오히려 대상 시그널에 대한 인지성(주의나 기억 정착률)을 높일 수 있기 때문이다. 도파민이 주도하는 '호감 모티베이션'을 바탕으로 노르아드레날린의 효과를 추가한 상태가 우리를 배움과 성장의 추진력이 될 학습 모티베이션으로 이끈다.

도파민은 노르아드레날린에 앞서 방출된다. 도파민은 행동을 하거나 정보를 접하기 전에 방출되기 때문이다. 도파민이 분비된 후 실제로 정보를 접하고 행동하면서 노르아드레날린이 합성된다.

이때 방출된 도파민의 양이 많으면 어려운 일에 대처하기 쉽고, 집중력도 높아진다. 나아가 쾌감을 얻게 되면 도파민 양에 따라 β엔도르핀의 양도 증가한다.

β엔도르핀은 노르아드레날린의 분비에 따른 스트레스 상태를 완화

하는 작용도 한다. 즉 스트레스 상태를 평형 상태로 되돌리는 항상성 Homeostasis의 기능을 한다. 항상성이란 살아 있는 생명체의 기관이 외부 환경이나 신체적 변화에 따라 체온이나 혈중 포도당 농도 등의 내부 환경을 생존에 적합한 일정 범위 내로 유지하려는 성질을 의미한다.

항상성의 기능으로 세로토닌을 도입해 부교감신경이 활성화되면 학습 모티베이션 상태를 유지해나가기가 훨씬 수월해진다. 이것은 우리가 배우고 성장해 나가는 학습 모티베이션에 있어서 스트레스 관리법이 왜 그렇게 중요한지에 대한 이유이기도 하다.

그렇다고 해도 학습 모티베이션을 유지하는 데에는 도파민의 양이 절대적으로 좌우한다. 도파민이 많이 분비될수록 노르아드레날린과 더 큰 시너지를 일으킬 수 있고, 보조적으로 부교감신경과 세로토닌에 작용해 학습 효율을 끌어올릴 수 있기 때문이다.

기피→호감→학습 모티베이션의 흐름을 파악한다

무언가 새로운 것을 배울 때 일어나는 모티베이션의 흐름에 대해 한번 생각해보자. 무언가를 처음 배우기 시작할 때는 도파민에 의해 동기화된 '호감 모티베이션'의 사분면에 들어간다. 하지만 일이 잘 풀리지 않으면 부지불식간에 '기피 모티베이션'으로 바뀐다. 처음 가졌던 의도나 목적, 혹은 모티베이션 정보가 뇌에 충분히 기억으로 저장되어 있지 않으면 저공비행의 '타성 모티베이션' 상태로 이행해 지속되는 경우도 있다.

원래 새로운 것을 배울 때는 스트레스가 생기면서 회피하고 싶은 법이다. 새로운 것을 접하자마자 바로 호감 모티베이션으로 들어가는 경우는 거의 없다. 오히려 기피 모티베이션 상태에서 새로운 것을 학습하게 되는 경우가 많다. 그러다가 배움과 도전의 가치를 학습하게 되면서 호감 모티베이션으로 이동하고 궁극적으로 학습 모티베이션에 이를 수 있다.

하지만 기피 모티베이션 상태에서 새로운 것을 배우기 시작하면 아무래도 주의가 부정적인 쪽으로 기울기 쉽다. 따라서 기피 모티베이션으로 새로운 것을 접하고 학습하고자 할 때는 이를 어떻게 긍정적으로 체험할 수 있을지를 먼저 고민해야 한다.

새로운 일에 도전하거나 새롭게 뭔가를 배우기 시작하면 보통은 자신의 부족한 면이 두드러져 보인다. 이때 부정적인 측면에 지나치게 주의를 기울이는 대신 긍정적인 부분이나 잘한 부분, 그리고 성장한 부분 등에 초점을 맞춰보는 것이 좋다.

학습 모티베이션은 평소 얼마나 자주 새로운 것을 접촉해왔는지에 따라 달라진다. 호감 모티베이션에서 학습 모티베이션으로 향할 때는 노르아드레날린을 대량으로 사용하지 않으면 안 된다. 그렇게 되면 코르티솔이 나오기 쉽고, 코르티솔이 나오면 실패하기 쉽다. 이 실패를 어떻게 인지하느냐에 따라 학습 모티베이션 상태로 나아가느냐 마느냐가 결정된다.

실패를 실패로 인정하지 못하고, 실패를 없었던 일로 생각하는 경우가 많다. 하지만 실패를 인정한다는 것은 자신의 성장 잠재력에 주의를 기울이고 있다는 증거다. 실패의 원인을 솔직하게 인정하고 오히려 성장을 위한 자양분으로 삼을 때 비로소 부정적인 감정 반응을 긍정적인 방향으로 바꿀 수 있다. 이처럼 **인지적 유연성이 높은 사람이 일을 계속해나갈 수 있고, 이후 성장을 거듭해나가는 사람이 된다.**

모티베이션을 키우기 위한 힌트 5

새로움을 즐긴다

새로운 것에 부정적인 반응을 보이는 것은 생물의 적응 기제다. 현대 사회에서는 그런 반응이 과잉 반응일 가능성을 인식하고 받아들이려는 노력이 필요하다. 오히려 새로운 앎과 경험을 마음으로부터 즐기려고 생각하고 느끼려 해본다.

실패를 행운으로 삼는다

새로운 시도는 대개 실패한다. 실패는 불쾌하고 회피 감정을 낳기 쉽다. 하지만 실패를 인정하는 것은 자신의 성장 잠재력을 인식할 수 있다는 증거다. 성장의 첫걸음은 실패를 행운이 따르는 일과 감정으로 바꿔 쓰는 일이다.

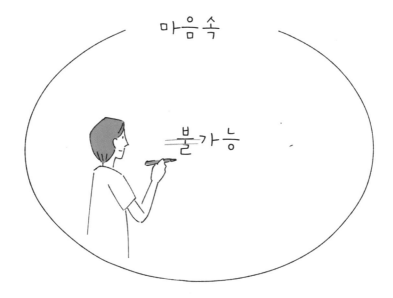

모티베이션과
심리적 안전 상태

의도한 행동을 할 수 있는 '심리적 안전 상태' 만든다

모티베이션을 높이려면 일단 심리적 안전 상태가 확보되어야 한다.

그림 9의 왼쪽은 뇌가 안전하고 위험하지 않다고 판단하는 '심리적 안전 상태'에 해당한다. 이때는 자신이 머릿속에 그린 행동을 이끌어 내기 쉽다.

반면 오른쪽은 뇌가 위험, 공포, 불안을 감지한 '심리적 위험 상태'에 해당한다. 이때 편도체는 과잉 활성화된 상태다. 코르티솔이 편도체의 두 가지 유형의 수용체와 결합한 상태가 과잉 활성화되면서, 뇌가 이를 생명이 위험한 상태로 감지해 전전두피질의 기능을 마비시킨다. 뇌는 위험을 감지하면 '생각하고 있을 때가 아니야. 도망가'라고 명령한다. 혹은 '전투' 모드를 내세운다. 즉 심리적 위험 상태에서는 하향식의 의식적인 사고 기능이 상실되고 부적절한 행동을 억제하는 기능도 잃게 된다. 따라서 자신이 마음에 그린 행동과는 다르게 행동할 확률이

그림 09 **심리적 안전 상태와 심리적 위험 상태**

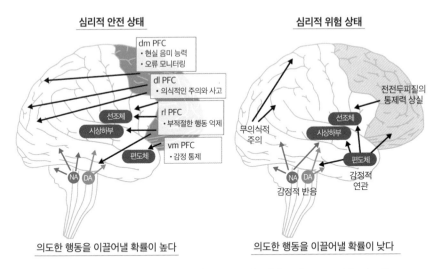

Arnsten, A. F. (2009). Stress Signalling Pathways that Impair Prefrontal Cortex Structure and Function. *Nature Reviews Neuroscience*,10, 410-22 을 바탕으로 작성. 단 하단의 밑줄 그은 부분은 저자가 추가.

매우 높다.

　심리적 위험 상태에 빠지는 것은 공포나 불안이 원인인 경우가 대부분이지만 그 밖에도 다양한 원인들을 생각해볼 수 있다.

　하나는 자기 뇌 속에 전혀 기억으로 저장되어 있지 않은 정보와 마주했을 때다. 새로운 것을 접하면 뇌는 거부 반응을 보이기 쉽다. 즉 기존의 것과는 다른 정보나 새로운 정보가 들어오면 뇌는 이를 위험 상태로 인지하고 그 정보를 회피하거나 부정적이 된다. 알지 못하거나 모호한 대상을 접하면 불안이나 공포를 느끼기 쉬우며 회피하고 부정적으로 되기 쉬운 이유는 무엇보다 기억 흔적이 없기 때문이다.

이와 같은 위험 상태를 안전 상태로 이행시키려면 어떻게 해야 할까. 우선 목적이나 목표를 설정하는 것이 도움이 될 수 있다. 목적이나 목표가 모호하면 불안을 느끼기 쉽고 앞으로 나아가기 어렵다. 반면 목적이나 목표를 뚜렷하게 세우면 모호한 부분이 줄어듦으로써 심리적으로 안전한 상태를 이끌어낼 수 있다. 또한 목표나 목적을 설정하면 도파민이 분비되어 모티베이션을 지지하는 효과를 동시에 기대할 수 있다.

하지만 목적이나 목표를 세우기에는 애매하고 불확실한 상황들도 많다. 이럴 땐 어차피 닥친 일 한번 부딪쳐보자는 심정으로 상황을 받아들이는 것이 좋다. 뇌의 특성상 전에는 경험해보지 못한 낯설고 모호한 상황이 닥쳤을 때 불안이나 공포를 느끼기 쉽다는 사실을 알면 우리는 그런 상황이 와도 무턱대고 회피 반응을 보이기보다는 오히려 그런 모호함을 즐길 수 있는 마음의 여유를 가질 수 있다.

'무지의 지.'

모른다는 사실을 스스로 아는 것의 중요성을 이르는 말이다. 자기가 잘 모른다는 사실을 알고 있고, 자신이 무엇을 할 수 없는지 알고 있는 상태다. 자신이 무엇을 모르고 무엇에 미숙한지를 잘 모르면 심리적 안전 상태가 교란되기 쉽다. 즉 '왠지 모르게' 자신은 무지하고 '왠지 모르게' 자신은 잘 못할 것 같다고 느끼는 그 모호성이 심리적 위험 상태를 초래한다.

자신이 무엇을 모르고 무엇에 미숙한지를 잘 알면 대상의 모호성을 줄일 수 있고, 나아가 그런 인식이 있으면 해결 수단도 모색할 수 있으며 성장 기회를 창출할 수도 있다.

모티베이션을 높이는 전제로서 이러한 심리적 안전 상태는 빼놓을 수 없다. 심리적 안전 상태가 유지되지 않는 한 새로운 것을 배우거나 도전하기 위한 모티베이션은 생기지 않을 것이고, 생명을 지키기 위한 회피 반응만을 보이게 될 것이다.

모티베이션을 키우기 위한 힌트 6

'애매함' '무지함'을 받아들인다

뇌에 기억으로 저장되어 있지 않은 새로운 정보는 공포나 불안 감정을 유도하기 쉽다. 그러한 특성을 알고 애매함과 무지함을 수용해보자. 오히려 성장하는 데 무엇이 부족한지 알게 되어 다행이라고 생각해보자. 목적을 세우는 의의는 여기에 있다.

심리적 안전이 대전제

모티베이션을 높이는 대전제는 심리적 안전 상태를 확보하는 것이다. 심리적 안전을 조성하고 스스로 만들어내는 기술을 평소에 만들어두자.

06

모티베이션에서
도파민의 역할

도파민이 모티베이션을 높인다

모티베이션이 높다는 말은 좋은 의미로 사용되는 경우가 많다. 또한 모티베이션이 높아지면 좋다는 것을 사람들은 직감적으로 알고 있다. 그래야 '하고 싶고', '해야 하는' 일들을 실천으로 옮길 것이기 때문이다. **나아가 모티베이션이 높아지면 주의력, 집중력, 기억력이 높아지며 기분도 좋아진다.**

신경과학 영역에서 모티베이션을 생각할 때, 뇌의 '보상회로'라 불리는 시스템을 참조하는 경우가 많다. 그 중심이 되는 것이 복측피개영역VTA이다. 뇌 속 모티베이션의 원천이 되는 복측피개영역은 도파민을 방출하는 신경세포군으로 알려져 있다.

그림 10은 복측피개영역으로부터 도파민이 어디로 방사되는지를 맵핑한 것이다. 이것을 하나씩 제대로 이해하면 모티베이션에 관해 훨씬 더 깊이 이해할 수 있다.

그림 10 **도파민 방출 경로**

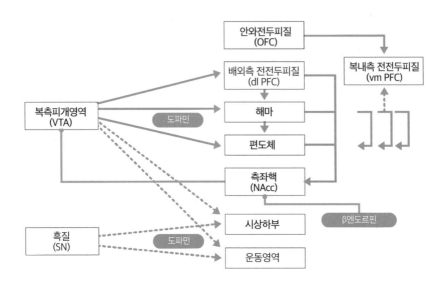

모티베이션이 높아지는 상태란 어떤 상태일까. 크게 둘로 나누면 하나는 노르아드레날린이 나오기 쉬운 상태고 또 하나는 도파민이 나오기 쉬운 상태다.

인간이 호기심을 갖거나 뭔가 해보고 싶다고 생각할 때는 주로 도파민이 방출된다. 반면 피하고 싶거나 싫어하거나 힘들다고 느끼는 작업을 마주할 때는 노르아드레날린이 방출되기 쉽다.

'탐색', '욕구', '시도'로 모티베이션을 정리한다

우리가 추구하는 높은 모티베이션은 복측피개영역과 흑질에서 나오는 도파민의 영향을 크게 받는다.

도파민이 분비될 때 뇌에서는 '탐색' 정동이 일어난다.

잘은 모르겠지만 나에게 뭔가 좋은 일이 일어날 것 같은 쾌의 가능성에 접근하려는 것이 탐색 정동 반응이다. 호기심, 탐구심은 여기에서 비롯한다.

비슷한 작용으로 '욕구' 정동이 있다. 이미 쾌의 정동을 경험해 알고 있는 것을 다시 한번 음미해보려는 정동이다. 이 '학습이 끝난 상태'라는 점은 개개인의 경험에 의존한다. 따라서 개개인이 어떤 쾌감을 경험해왔는지에 대한 기억이 모티베이션에 영향을 미친다. 예를 들어 수집가 기질을 가진 사람은 자신이 원하는 것을 수집할 때마다 쾌감을 얻을 것이다.

비즈니스의 맥락에서는 욕구의 중요성이 강조되지만 그보다 더 높은 정동은 탐색이라고 할 수 있다. 이미 쾌를 경험해 알고 있는 정동을 재차 추구하는 욕구는 별 어려움 없이 동기화된다. 하지만 **어떻게 될지 모르는 쾌감의 잠재성에 접근하려는 탐색 정동은 애매성이라는 리스크를 감수한 상태의 모티베이션이다.**

도파민이 나오는 상태에서는 욕구 정동과 탐색 정동에 더해 '시도' 정동도 생겨난다. 도파민은 보다 어려운 작업에 도전하도록 인도한다.

그림 11은 쥐를 이용한 실험이다.[8] 그림의 가로축은 '음식물을 얻기 위해 필요한 지렛대를 누른 횟수'를, 세로축은 '소비된 음식량'을 표시하고 있다. 쥐는 열심히 누를수록 많은 음식을 얻을 수 있다.

결과는 그림이 보여주는 바와 같다. 실선은 통제 그룹으로 평소 상태에서 나타난 결과다. 반면 흰점을 연결한 점선은 도파민의 분비가 현저히 떨어진 쥐들의 상태를 나타내고 있다.

두 개의 그래프로 다음 두 가지 사실을 알 수 있다.

① 도파민이 고갈되면 어렵고 힘든 일을 하려는 도전 의욕이 사라져 쉽게 포기하게 되고, 쉬운 일을 찾아 충분하진 않아도 먹을 만큼의 음식만 얻으려고 한다.

② 반대로 도파민의 고갈 정도가 적으면 적을수록 열심히 해서 충분한 음식을 얻으려고 한다.

이 실험으로부터 **보다 어렵고 힘든 작업을 해보려는 정동에 도파민이 한몫한다는 사실을 알 수 있다.**

일반적으로는 코르티솔이 나오면서 그만두고 싶은 감정이 생기지만 그 감정을 억제하고 어떻게든 시도해보려는 모티베이션을 갖게 하는 것이 도파민의 효과다.

그림 11 **쥐를 이용한 도파민 실험**

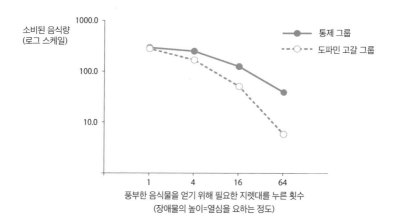

Gruber, M.J., Gelman, B.D., & Rangnath, C. (2014). States of Curiosity Modulate Hippocampus-dependent Learning via the Dopaminergic Circuit. *Neuron*, 84(2), 486-496을 토대로 작성.

도파민은 집중력, 기억 정착 효율을 높여준다

누구든지 '3, 4, 5, 4, 2, 1'이라 말하면 바로 머릿속에서 '3, 4, 5, 4, 2, 1'이라고 따라 할 수 있을 것이다. 무작위로 고른 문자배열이라도 몇 초 동안은 머릿속에 남길 수 있다. 하지만 30분 후까지 그 숫자를 기억하고 있기는 거의 불가능하다. 이 단기 기억을 관장하는 것이 작업 기억이다. 일반적으로 작업 기억은 5글자에서 9글자 정도만 있으면 무작위로 고른 문자를 머릿속에 저장할 수 있다.

도파민은 단기 기억을 머릿속에 간직하기 위한 정보 처리능력을 높이고 쓸데없는 정보를 차단하는 효과가 있다. 그 결과 자신이 관심 있는 대상에 주의를 기울이게 함으로써 집중력을 높이고 사고력을 향상시킨다. 게다가 작업 기억 기능이 높아짐에 따라 뇌에 표현할 수 있는 정보의 폭을 넓히고 발상력도 높인다.

도파민은 기억과 관련된 뇌 부위인 해마와 편도체에도 방사된다.

해마는 어떤 사건의 에피소드나 사실과 같은 '에피소드 기억'을 저장하고, 인간의 엄지손톱만 한 크기의 편도체는 사건이 일어났을 때의 '감정적인 기억'을 저장한다. 해마와 편도체는 해부학적으로 연결되어 있으며 서로 밀접한 관련을 맺고 있다. **어떤 사건을 떠올리면 그에 수반하는 감정도 따라온다.**

도파민이 방출되는 상태란 어느 정보에 흥미나 관심이 있어서 뇌가 이를 알아보며 배우려고 반응하는 상태다. 도파민이 해마나 편도체에 방사되면 신경세포끼리 강한 결합을 형성하도록 작용한다.[9] 즉 기억에 남기 쉽다.

따라서 우리가 뭔가를 배울 때는 우선 관심을 갖는 것이 중요하며 이것이 바로 뇌가 학습을 하는 상태다. 그리고 누군가에게 뭔가를 가르친다면 '어떻게 관심을 갖게 할 것인가'를 고민할 필요가 있다. 학습의 성패는 관심 여부에 달려 있기 때문이다.

배우는 내용에 그다지 관심이 없더라도 **중요한 것은 '뭔가를 배우고 있**

을 때' 도파민이 방출되고 있는지 여부다. 극단적으로 말하자면 배우는 내용 자체에는 흥미가 없더라도 가르치는 사람에 대한 호감으로 마음이 설레거나 장소나 분위기에 따라 마음이 들뜨게 되면 학습 효과가 높아질 수 있다. 좋아하는 멘토의 강연을 들으며 열심히 해야겠다고 마음먹고 실제로 열심히 할 수 있는 것도 도파민과 이에 따른 β엔도르핀의 효과가 높기 때문으로 볼 수 있다.

β엔도르핀에 의해 학습 행동이 지속된다

도파민은 집중력과 학습 효과를 높이고 우리의 수행 능력과 생산성을 향상시킨다. 하지만 단순히 일시적으로 높아져서는 곤란하다. 그래서 뇌에는 도파민의 분비를 돕는 구조가 존재한다. 바로 β엔도르핀이다.

도파민은 쾌감, 보상, 의욕, 기호, 공포와 같은 정보 처리에 중요한 역할을 하는 측좌핵NAcc에도 신호를 보낸다. 측좌핵은 도파민의 분비가 필요 없어지면 평온함과 긴장 이완을 가져다주는 가바GABA라는 억제성 신경전달물질을 복측피개영역으로 방출해 '그 대상으로부터 떨어져!'라고 명령한다. β엔도르핀은 이 측좌핵을 억제하는 역할을 한다. 즉 뭔가를 추구하며 대상에 접촉하거나 관계를 맺음으로써 '즐거움, 기분 좋음' 등의 쾌락을 느끼면 β엔도르핀이 방출된다. 그 결과 복측피개영역을 억제하는 측좌핵이 억제됨으로써 도파민이 만들어지기 쉬운 상태를 유지하게 된다. (이러한 억제계를 억제하는 구조를 '탈억제disinhibition'라 부른다.)

쾌 정보가 학습 체계 안에서 싹트면 그것을 계속 유지하려는 구조가 뇌 속에서 작동하기 시작한다. 뭔가를 경험할 때 생기는 유쾌한 기분은 행동을 지속해나가기 위한 원동력이 된다.

이처럼 우리가 뭔가를 학습하거나 성과를 발휘할 때 '즐거운 분위기를 감지하는 뇌의 기능'은 도파민의 효능을 오래 지속시키는 역할을 한다.

'아이스브레이크'의 의미도 이런 관점에서 볼 수 있다. 아이스브레이크는 긴장을 풀고 심리적 안전 상태를 만들어 전전두피질을 일하기 쉽게 만들 뿐만 아니라 즐거운 상태를 만들어 뇌의 집중도를 지속시킨다. 하지만 형식화되어 뇌가 즐거운 상태에 익숙해지지 못하면 효과를 기대할 수 없다.

노르아드레날린이 일으키는 긴장감도 우리가 일을 하거나 공부에 집중하는 데 효과적이다. 하지만 '스스로 뭔가를 추구하게 만드는' 도파민과 더불어 기분을 좋게 만드는 β엔도르핀의 작용만큼 학습 효율을 높이지는 못한다. 이 둘의 작용은 집중력을 지속시키고 기억 정착 효율을 높이며 학습 효과를 증진한다.

또한 도파민은 운동 영역에 작용해 탐색, 접근, 획득을 위한 신체적 행동을 이끌어낸다.

07

모티베이션을
높이기 위한 '알아차림'

체험 학습과 가치 기억으로 직감을 단련한다

어떤 사건과 그때 생긴 감정을 반복 체험하다 보면 해마와 편도체와는 다른 뇌 부위에서도 정보를 저장하기 시작한다. 전전두피질의 아래쪽 가운데에 위치한 복내측 전전두피질vm PFC은 자신이 경험한 것에서 얻은 가치 있는 현상을 기억 흔적으로 남긴다. 일련의 가치 학습 과정을 거치는 것이다. 또한 전두엽의 측배면에 위치한 안와전두피질OFC은 기억으로 저장되어 있는 가치를 이끌어낸다. 이것이 '보상 예측'이다. 안와전두피질이 과거에 기억으로 저장된 학습된 가치를 참조해, 지금 눈앞에 있는 것이 자기에게 가치가 있는지 없는지를 계산하면서 그 자리에서 판단을 이끌어낸다.

하지만 **가치로 기억 저장해 순간적인 판단이 가능해지려면 경험을 계속 반복하여 기억이 강하게 흔적으로 남을 때까지 단계를 밟아가야 한다.** 인간의 가치관은 반복적인 체험 속에서 몇 개의 사건과 그에 수반한 감정이 반복해 스며들면서 비로소 형성되기 때문이다(물론 사건과 감정의 발현 정도에 따라 걸리는 시간이 달라진다).

체험 학습이란 에피소드 기억과 감정 기억이 결합하면서 이루어지는 학습을 말한다. 이를테면 어제 저녁을 어디서 누구와 무엇을 먹었는지에 대한 기억과 그때 느낀 감정 기억이 결합하는 것이다. 체험 학습을 반복하게 되면 뇌 속에서 가치 기억으로 바뀌고 복내측 전전두피질에 저장된다. 그로 인해 어떤 현상을 가치로 인식할 수 있게 되면 뇌는 그에 대해 '선호LIKE'라는 반응을 보이게 된다.

선호LIKE와 욕구WANT는 서로 비슷하면서도 다르다. 욕구가 단순히 뭔가를 추구하는 정동 반응이라면 선호는 과거에 학습되어 기억으로 저장된 쾌감을 인지적으로 판단하는 정동 반응이다.

이러한 선호는 '직감'에 가깝다.

직감이란 어떤 대상이 자신에게 쾌인지 아닌지, 그 행동을 계속 할지 말지를 순간적으로 판단하는 것이다. 그 판단 기준에는 체험 학습을 통한 가치 기억화가 큰 영향을 미친다.

직감이라고 하면 아무 근거도 없는 뭔가 신비주의적인 것으로 생각할 수 있다. 하지만 '좋고 싫고'를 판단하는 직감이 발동했을 때의 감각을 떠올려보자. 이는 뇌 속에서 실제로 물리적인 현상이 일어나고 있다는 증거다.

직감이 어떤 기억에서 비롯한 것인지 확인하기는 쉽지 않지만 뇌가 지금까지 경험한 것에서 나온 것임은 분명하다.

직감도 뇌가 지금까지 경험한 것으로부터 학습한 귀결로서의 반응이다. 따라서 '직감'과 '감각'을 얕보아서는 안 된다. 오히려 직관력을 높이는 학습을 통해 우리는 의사결정 능력을 더 신속하게 높일 수 있다.

직관력을 키우려면 평소 자신의 감각이나 감정에 의식적으로 주의를 기울일 필요가 있다. 자기의 행동이나 의사를 결정할 때에 어떤 감각이 생기고, 어떻게 느꼈는지를 인식하고 그 행동이나 의사결정에 따른 최종적인 결과를 파악해두는 것이다. 의사 결정과 행동 프로세스에서 뇌의 상태와 결과를 연관 짓는 학습이 직관력을 높여준다.

무엇을 느꼈는지, 자신의 상태를 깨닫는다

모티베이션이 높아지는 상태는 다양하게 있다. 그것이 어떻게 도출되는지에 대해서는 탐색, 욕구, 시도, 선호 등 네 가지 정동을 알아두면 좋다.

또한 도파민이 언제 활성화되는지를 알아둘 필요가 있다. '자신이 어떤 정동을 느낄 때 도파민이 쉽게 나오는지 알면 자신의 쾌감이나 보상을 예측하는 데 도움이 된다. 따라서 자신이 무엇을 탐색하고, 욕구하고, 시도하고, 즐기는지를 정리하는 것은 모티베이션을 높이는 데 효과적이다.

'뇌는 사실fact을 중시한다'고 흔히 말한다. 하지만 뇌는 사실 말고도

직감을 관찰한다

직감은 자신의 가치 기억을 찾는 데 힌트를 제공한다. 자신의 직감을 관찰하고 모티베이션이 되는 요소와 모티베이션을 방해하는 요소들을 알아낸다.

감정 등의 비언어적인 정보를 처리하고 있으며 그 영향력 또한 매우 크다. 모티베이션을 높이기 위해서는 이런 비언어적인 부분에 주의를 기울여 이를 언어로 옮기는 작업이 필요하다. 다이어리나 수첩 등에 실제로 있었던 일을 적으면서 그때 무엇을 느꼈는지 왜 그렇게 느꼈는지를 생각하고 적어보는 것이다.

또한 자신이 언제 기분이 좋고 고양되는지를 알아차렸다면 이를 '알아차리는' 것으로 끝나서는 안 된다. 도파민의 효과를 잘 활용하기 위해서는 기분 좋았던 순간을 다시 한번 회상하고 음미하면서 '자극으로 들떠 있는 뇌 회로'와 '다시 떠올려 기분 좋고 들떠 있는 상태', 이 두 가지 측면에서 도파민을 유도해야 한다. 이것이 뇌 속 모티베이션을 한층 더 높이기 쉬운 상태로 만들어준다. **모티베이션이 높아질 때의 내부 반응을 알아차리고 이를 음미하며 어느 시점에서 그 고양감을 되새기는 것이야말로 모티베이션 향상에 기여한다.**

의식적으로 좋은 점을 찾는다

긍정적인 감정의 표면적을 늘려 쾌 정동을 일으키는 시점을 스스로 만들어내려고 노력해보자. 눈을 돌려보면 긍정적인 감정이 나오는 순간은 의외로 많다.

긍정적인 반응을 얼마나 끌어낼 수 있는지는 자신의 하향식 접근방

모티베이션을 키우기 위한 힌트 8

도파민이 방출되는 경로를 안다

도파민이 어떤 상태에서 방출되는지를 알면 자신의 쾌를 예측하고 보상을 예측하는 데 도움이 되고 도파민을 쉽게 유도할 수 있다.

들뜨고 설레는 감정을 소중히 한다

도파민이 나와 들뜬 상태는 행동을 유발시키는 동시에 주의력, 집중력, 상상력, 기억력, 사고력을 높인다. 설레는 순간을 소중히 여기자.

감정과 친해지기

뇌는 사건이나 사실만이 아니라 그때의 감정 상태도 비언어적 기억으로 저장한다. 따라서 하루하루를 돌아보고 자기감정을 자주 살피면서 감정과 친해질 필요가 있다.

도파민을 촉진하고 있는 상태를 알아차리고 음미한다

고무적인 기분은 실행력을 높인다. 자신의 들뜨고 설레는 기분을 좀더 유지하고 싶다면 평소 자신이 언제 기분 좋은 상태가 되는지 알아차리는 습관을 익혀야 한다. 그리고 알아차린 순간의 그 상태를 음미하고 뇌 학습을 강화한다.

식으로 주의를 기울이는 방법에 달려 있다.

여기서 주의해야 할 점이 있다. 긍정적인 정동을 이끌어내고 생산성이나 성과를 높이려고 할 때 누군가가 즐거운 분위기나 몰입할 수 있는 분위기를 대신 조성해주기를 바라서는 안 된다. 누군가에게 도움을 받지 않으면 안 되는 사람은 혼자서 뭔가를 할 때 수동적으로 즐길수 있는 일에 쉽게 빠져들어 학습을 지속해 나가기가 어렵다. 반면 스스로 능동적으로 즐거움이나 새로운 발견을 만들어낼 수 있는 사람은점차 성장해간다. 스스로 추구할 때 나오는 도파민과 즐거움을 주는β엔도르핀의 효과를 적극적으로 활용할 수 있기 때문이다. 그것들이새로운 학습에 수반되는 노르아드레날린성 스트레스를 기분 좋은 것으로 바꾸어 수행 능력을 높인다.

쉽게 배움을 즐길 수 없다면 일단 일상을 즐길 수 있는 것에서 시작해보자. 일상생활의 편안함 속에서 즐겁고 기분 좋은 감정에 의식적으로 주의를 기울이다 보면 변화가 일어나기 시작한다. **아침에 쾌청한 날씨를 보고 기분이 좋아질지, 아니면 무심코 그냥 지나쳐버릴지는 결국 본인에게 달려 있다.**

'뭔가 이상한데?'

뇌는 자신에게 뭔가 부정적인 일이 일어날 것 같을 때를 감지하는기능이 발달해 있다. 살아가는 데 있어서 부정적인 정보는 위험을 피하기 위해 제공되는 정보다.

사람들은 자신의 미흡한 부분에만 주목하기 쉽다. 우리가 다른 사람들에게서 미흡한 점만 잘 보게 되는 것도 뇌에는 긍정적인 정보보다 부정적인 정보를 발견하는 기능이 발달해 있기 때문이다. 물론 뇌에는 긍정적인 정보를 찾아내는 기능도 있지만 이 기능은 뇌 속에서 자연스럽게 길러지지 않는다. 우리는 거의 무의식중에 오류를 감지하고 흠을 찾는다. 뇌는 긍정적인 정보보다 부정적인 정보에 우선적으로 반응할 가능성이 크기 때문이다.

그래서 **의식적으로 대상에서 좋은 면을 찾으려는 훈련이 필요하다.** 이것을 '좋은 점 센서'라고 이름 붙이고 싶다. 평상시 사용하기 어려운 뇌 기능을 의식적으로 사용함으로써 뇌는 함양된다.

확실히 잘 안 풀린 일에 대해 '왜 잘 안 됐을까', '어떻게 하면 잘할 수 있을까' 되돌아보며 배울 수도 있다. 부정적인 정보라 스스로도 쉽게 알아차릴 수 있고, 주변 사람들도 지적하기 쉽다. 하지만 그렇게만 하면 뇌는 자신의 부족한 점만 학습하게 되면서 학습 모티베이션이 떨어질 수 있다.

우리는 이와 반대로 잘해낸 부분에 대해서 '어떻게 그게 가능했을까', '어떻게 하면 더 좋아질까' 긍정적으로 생각하며 배울 수 있다. 작은 성취라도 성취한 부분에 주의를 기울여보자. 그러면 그것이 뇌의 기억으로 자리 잡아 자기 긍정감이 높아지면서 학습 모티베이션으로 연결될 수 있다. 그렇다고 무조건 칭찬을 하거나 긍정적인 피드백을 주면 효과는 적을 수밖에 없다. '성취한 부분과 그 이유, 개선할 점'을 구체적인 에피소드와 그때 느낀 감정을 포함해 뇌에 학습시키는 것이 중요하다. 결코 어려운 일이 아니다. 잘해낸 부분에 주목함으로써 학습 속도, 추진력이 증가하고 학습 동기도 높아진다.

'좋은 점 센서'의 활용이 단순히 자기 성장으로만 연결되는 것은 아니다. 자신이 하루하루 살아가는 시간의 표면적에 행복한 시간을 늘리는 일이기도 하다.

자신이 살아가는 시간을 어떻게 활용할지, 어떤 정보에 의식을 기울기고, 어떠한 정보에 둘러싸여 살고 싶은지는 스스로 선택할 수 있다. 그것이 바로 자신의 인생을 행복으로 이끄는 길이다.

긍정적인 감정의 표면적을 늘린다

매일 긍정적인 감정을 의식적으로 찾고 음미해본다. 조금만 눈을 돌리면 멋진 일들은 도처에 널려 있다.

좋은 점을 찾는 감각을 단련한다

뇌는 부정적인 것, 실패한 것, 불완전한 것, 리스크가 높은 일을 찾아내는 기능을 기본값으로 갖고 있다. 그에 반해 긍정적인 측면, 좋은 점을 찾아내는 기능은 의식적으로 학습해 나가야 할 더 높은 차원의 기능이다. 의식적으로 자신과 타인의 '좋은 점 찾기'를 습관화한다.

모티베이터를
정리한다

모티베이션을 낳는 네 가지 정동

모티베이터는 모티베이션의 직접적 원인이 되는 모티베이션 매개자를 유인하는 정보다. 그것은 외부 자극일 수도 있고, 뇌를 포함한 체내 정보일 수도 있다.

도파민을 활성화시키는 자극은 사람마다 다르다. 사람마다 체험이 다르고 그에 따른 반응도 다르며 기억 정보가 다르기 때문이다. 어떤 정보가 모티베이션을 높이기 쉬운지에 대해서는 '어떤 정동일 때 도파민이 나오기 쉬운가'를 보면 알 수 있다. '내가 어떤 정보에 잘 반응하는가', '어떤 정보들이 우리의 정동을 이끌어내는가'를 재인식하고 정리할 필요가 있다.

여기서 다시 모티베이터에 핵심이 되는 네 가지 정동을 정리해보자. 첫 번째는 '탐색' 정동이다. '뭔가 배울 점이 있을 것 같다', '맛있을 것 같다', '즐거울 것 같다' 등 어떤 쾌감의 잠재력을 이끌어내는 대상이 탐색 정동을 부추겨 도파민을 나오기 쉽게 한다.

두 번째는 '욕구' 정동이다. '이미 학습한 쾌'로 향하게 하는 외부 자극이 도파민을 유도한다. 이미 학습된 것이기 때문에 자기에게 뭔가 좋은 일이 있으리라는 것을 알고 있다. 정말 '갖고 싶다!'는 생각을 불러일으키는 대상이 도파민을 유도하지만 아직 말로 표현할 수 없는 욕구들도 있을 수 있다. 따라서 뇌와 마음이 추구하는 욕구에는 어떤 것들이 있는지 진지하게 탐구해볼 필요가 있다.

세 번째는 '선호' 정동이다. 과거에 학습한 쾌감을 기억하고 '이것은 좋은 것이다'라는 가치 판단을 포함하고 있는 정동이다. 가치 기억에서 도출된 선호의 감각이 자극이 되어 도파민을 유도한다. '좋아한다'고 말할 수 있는 것의 대부분은 언어화되어 있는 경우가 많다.

하지만 언어로 표현되어 있지 않은 선호 정동이 얼마나 많은지 우리는 잘 인식하지 못한다. 주변에 주의를 기울여 자신이 무엇을 선호하는지 의식적으로 찾아보자. 이때 '엄청 좋다'고 느끼는 것뿐만 아니라 '소소하게 좋다'고 느끼는 것들도 소중히 하는 자세가 필요하다. '소소하게 좋은' 것들을 발견하는 능력이 몸에 배면 작은 일에도 쾌감을 얻을 수 있고 모티베이션도 쉽게 높일 수 있기 때문이다.

네 번째는 조금 성질이 다르지만, '예측 차분'이다. 이것도 도파민을 유도하는 데에 중요한 외부 모티베이터다.

보상이 크면 클수록 예측 차분이 커져 도파민이 나오기 쉬운 상태가

그림 12

항상 받는 월급에 익숙해지면
도파민은 나오기 어렵다.

오늘
월급날이네…

도파민!

도파민!

예상 밖의 보수를 받으면
많든 적든 도파민이 나오기 쉽다.

도파민

도파민

특별 보너스
50만 원

된다. 비록 보상 자체가 작더라도 새로우면서 예측 차분이 크면 도파민이 잘 분비된다.[10] 하지만 보상에 익숙해지고 나면 도파민 분비는 조금씩 줄어든다. 뒤에 언급하는 '돈에 대한 모티베이션'에서 다시 이야기하겠지만, 같은 금액을 여러 번 보수로 받으면 예측이 가능해지면서 도파민 분비는 줄어든다. 반대로 기대 이상의 보수를 받았을 때는 그 금액이 크든 작든 도파민이 쉽게 분비된다. 또한 기대치보다 금액이 적더라도 도파민이 어느 정도 분비되는 것으로 나타났다.

즉 도파민은 예측 차분에 따라 방출된다. 예측에 어긋나는 것은 그것이 긍정적이든 부정적이든 생존을 위해 학습을 촉진시켜야 하기 때문이다. 그리고 어느 정도 익숙해져서 예측 차분을 낳지 않는 상태가 되면 도파민 분비는 서서히 줄어든다.

도파민이 방출되는 원리는 기본적으로 예측 차분에 달려 있다. 경험해본 적이 없는 새로운 것들은 뇌에 원래 아무런 정보도 입력되어 있지 않기 때문에 차분이 생기기 쉽다. 기대치가 긍정적으로 어긋나면 도파민이 크게 방출되지만 부정적으로 어긋나더라도 도파민은 분비된다. 다만 부정적으로 어긋난 경우는 공포나 불안이 차분으로 생긴 쾌감을 압도하기 때문에 모티베이션이 높은 상태라고 볼 수 없다.

하지만 새로운 정보나 자기 생각과 다른 것을 수용할 만한 인지적인 유연성이 있다면 부정적인 정동이 줄고 그 대상에 흥미가 생기는 '호감 모티베이션'이 생길 수 있다. 즉 대상에 흥미를 느끼거나 관심을 갖는 호기심이라는 정동은 새롭거나 낯선 것에 심리적 안전 상태를 유지한 상태에서 도파민이 분비될 때 생긴다.

왜 예상하지 못한 일은 기억에 쉽게 남는 걸까. 그것도 이러한 예측 차분과 그에 따른 뇌의 반응으로 설명할 수 있다.

좋은 일이든 나쁜 일이든 기대에서 벗어난 예상 밖의 일이 생기면 뇌는 그 차분을 감지하고 도파민을 방출해 이러한 상황을 학습하려고 한다.

예상이 긍정적으로 어긋나는 경우에는 기분 좋은 감정이 생기면서 β엔도르핀이 합성되어 뇌가 도파민을 방출하기 쉬운 상태가 되기 때문에 기억에 남기 쉽다.

한편 부정적으로 어긋나는 경우에도 차분 때문에 일시적으로 도파민이 방출되긴 한다. 하지만 오래 지속되지는 않는다. 그렇더라도 감정 기억을 담고 있는 편도체가 활성화되어 불안 등의 정동을 이끌기 때문에 결과적으로 보면 이 경우 또한 기억에 남기 쉽다.

또한 기대와 예측을 벗어난 차분이 긍정적이든 부정적이든 간에 기억에 남기 쉽기 때문에 시간이 어느 정도 지나도 그 상황을 상기시킬 확률이 높다. 그리고 기억을 떠올리는 것 자체가 다시 기억을 공고하게 만드는 데 기여한다.

모티베이션을 만들어내는 여섯 가지 '내부 모티베이터'

이번에는 외부가 아니라 내부에서 오는 정보, 즉 뇌에서 직접 도파민을 유도하는 방법을 살펴보자.

이때 중요한 것은 단순히 자신이 경험한 사건이나 사실에 대한 기억뿐만 아니라 그때그때의 감정도 기억으로 잘 보관해야 한다는 것이다. 특히 자신이 잘 못하는 것뿐만 아니라 잘하는 것이나 기쁘고 설레던 순간과 같은 에피소드를 비롯해 긍정적인 감정 기억을 뇌에 강하게 새길수록 내부 모티베이션은 활용하기 쉬워진다.

머릿속에서 도파민을 유도하는 뇌의 기능은 다음 여섯 가지로 정리

모티베이션을 키우기 위한 힌트 10

도파민을 촉진하는 상태를 안다

탐색, 욕구, 시도, 선호 정동을 느낄 때 도파민이 나오기 쉬운 상태가 된다. 그 상태를 아는 것이 자기 쾌감 예측이나 보상 예측에 도움을 주고, 도파민을 유도하기 쉽다.

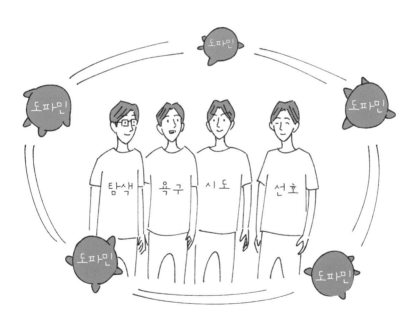

할 수 있다.

첫 번째는 배외측 전전두피질dl PFC을 활용해 의식적으로 과거에 경험했던 쾌감을 끌어내는 것이다. 이때 해마에 의한 에피소드 기억뿐만 아니라 편도체에 의한 감정 기억을 강하게 의식한다. 말하자면 기억을 '음미'하는 것이다. 자신이 즐거웠던 때를 떠올리는 것이 여기에 해당한다.

두 번째는 안와전두피질OFC에 의한 '보상 예측 감각'이다. 보상 예측 감각이란 '왠지 보상이 있을 것 같다'는 확신이 들기 전 단계에서 그런 인식을 가져오는 정동 반응이다. 평소 자기 내면과 대화가 잘 이루어져왔다면 나에게 긍정적인 신호를 유인하고 '끌어내는 효과'를 높일 수 있다. 보상 예측을 알아차리기 쉽기 때문이다. 말로 표현할 수는 없지만 왠지 '그쪽으로 가고 싶다', '가보자'라고 뇌나 신체가 반응하는 상태가 여기에 해당한다. 직감의 일종이라고 보면 된다.

세 번째는 '보상 예측'이다. 과거 기억의 데이터베이스로부터 미래의 보상을 예측하면서 생기는 모티베이션이다. 보상을 의식함으로써 도파민이 더욱 활성화되기 쉬운 상태가 된다. 목요일에 그냥 아무 생각 없이 일을 하고 있는 경우와 '좋아, 오늘 내일만 힘내면 즐거운 주말이다!'라고 보상을 에너지로 바꾸는 경우는 뇌에 쓰이는 효율이 다를 수밖에 없다. 쾌의 정동을 불러일으키는 휴가를 떠올려보거나 과거 경험에 비추어 가욋돈이 생길 거라고 유추해보는 것이 보상 예측으로 도파민이 유발되는 일반적인 활용법이다. 하지만 휴가나 돈 말고도 당신에게 쾌감을 가져다줄 무엇이든 보상으로 예측할 수 있다면 도파민은 분비된다.

네 번째는 '희망'이다. 우리는 과거에 경험한 일이 아니더라도 뭔가 좋은 일이 생기지 않을까 기대할 수 있다. 근거 없는 자신감이나 막연한 희망이 여기에 해당한다.

희망이란 앞으로 어떻게 될지 모르는 일에 마음을 쓰는 것이다. 뇌의 데이터베이스에 근거가 없다고 해서 그것이 부정되는 것은 아니다. 오히려 인류에게 새로운 발견이나 개척이 가능했던 것은 어떠한 선례도 없는 상태에서 앞으로 나아가게 하는 이 뇌 기능 덕분이었다.

하지만 새로운 도전은 미지의 영역에 발을 들여놓는 것인 만큼 뇌는 에너지를 대량으로 소비한다. 또한 뇌는 가능성이라는 긍정적인 측면보다 미지의 위험이라는 부정적인 측면을 우선적으로 판단한다. 희망은 좀처럼 갖기 어려운 것이다.

진정한 의미에서 희망을 갖는다는 것은 '불확실성이 지배적인 상황에서 탐색해 나아감'을 의미한다. 위험을 인지한 상태에서도 탐색하며 앞으로 나아가려는 것이다.

다섯 번째로 복내측 전전두피질에 있는 견고한 '가치 기억'도 내부 모티베이터가 될 수 있다. **좋아하거나 소중히 아끼는 것, 가치 있다고 여기는 것 등을 머릿속에 떠올리는 것이다.** 좋아하는 명언이나 회사의 비전 등이 가치 기억으로 남아 있으면 이를 통해 자신을 고양시킬 수 있다. 물론 이에 도달하려면 방대한 체험을 바탕으로 기억 흔적을 새기는 작업과 그에 따른 에너지가 필요하다.

여섯 번째로 '쾌감 예측'도 모티베이터로 기능한다.

보상으로 얻을 수 있는 것뿐만 아니라 자기가 무슨 일을 하면 기분이 좋아질까, 맛있는 것을 먹을 수 있을까, 즐거운 경험을 할 수 있을까 등 **모든 쾌의 감정이나 상태를 예상하거나 상상했을 때 도파민은 방출되기 쉽다.**

모티베이터가 이런 뇌의 정보 처리를 계속 활용해나가다 보면 모티베이터를 좀 더 손쉽게 활용할 수 있다.

하루 스케줄 중에 몇 가지 자신의 모티베이터를 새겨보기 바란다. 자극을 되새기기 위해 수첩을 보는 등 자기가 살아가는 시간을 좀 더 풍요롭게 만들려는 노력이 일이나 공부에 큰 효과를 가져올 수 있다.

특히 마음에 드는 모티베이터를 애착을 갖고 소중히 하는 감각도 활용해볼 수 있다. 그 애착 대상에서 도파민이 유도되고, 그것이 자신이 발휘하고 싶은 성과에 전용될 가능성이 있다. 즐기면서 자기만의 모티베이터를 탐색해나가는 것이다.

기대치를 조정한다

도파민이 생기는 기본적인 원리는 예측 차분에 있다. 그래서 기대치가 너무 높으면 좀처럼 차분이 생기지 않기 때문에 도파민이 잘 나오기 어렵다. 이럴 때 **자신의 기대치를 낮추면 일이 잘되었을 경우에 나올 수 있는 차분이 커지는 만큼 도파민도 나오기 쉬워진다.**

의식적으로 기대치를 낮추라는 것은 아무것도 기대하지 말라는 뜻이 아니다. 스트레스와 모티베이션을 관리하는 차원에서 이 같은 습관을 들이면, 자기 안에 새로운 옵션을 가질 수 있다.

기대치를 낮추라는 것이 그것을 상대방에게 드러내라는 뜻도 아니다. 상대방에 대한 기대치를 낮춘답시고 상대방에게 "별로 기대 안 해"라고 말해버리면 상대방의 모티베이션을 떨어뜨릴 위험이 있다. 어디까지나 자기 안의 기대치를 조정하는 것이다.

자기 자신에 대해서도 마찬가지다. 기대치를 너무 높이면 그에 못 미치는 부족한 부분이 부각되면서 모티베이션이 저하될 수 있다. 높은 목표나 목적을 이미지로 시각화하면서 단계적으로 목표나 목적을 설정하여 어떻게 하면 자신이 성취해가고 성장해간 부분들에 좀 더 주의를 기울일 수 있을지 궁리해보자.

그로부터 뭔가를 배울 수 있게 되면 자신의 미숙한 부분이나 부족한 부분에 대한 배움도 더욱 촉진될 것이다.

기대치를 조정한다

때로 기대를 낮게 조정해본다. 타인에게 너무 바라지도 않고 자신에 대한 기대를 너무 과도하게 갖지도 않는다. 할 수 있는 것, 할 수 있었던 것을 충분히 살핀다.

09

모티베이션과
통증의 관계

통증도 모티베이션이 된다

다음 페이지에 있는 그림 13을 보라. 채찍을 든 여성과 매운 소스에는 공통점이 하나 있다. 그것은 바로 둘 다 통증과 관련되어 있다는 것이다.

통증을 느끼면서도 인간의 행동 특성으로 이 두 경우에 '빠지는' 사람, 즉 그 행동을 반복하는 사람들이 적지 않다. 그런 사람들의 뇌가 가진 특성은 통증 신호를 보내고 있음에도 탐닉한다는 것이다. 여기에는 어떠한 원리가 있는 걸까. 뇌 속 보상회로를 탐구하면 이러한 현상에 대한 다양한 힌트를 발견할 수 있다.

여러분 주위에도 매운 라면을 좋아하는 사람이 있을 것이다. 많이 매우면 보통은 입 속이 타들어갈 정도의 자극을 받는다. 매운 라면을 먹을 때 처음엔 통증 신호를 받기 때문이다. 하지만 동시에 맛있다는 쾌감도 일으킨다. '맵다'는 물리적인 통증 신호를 받으면서 '쾌감'이라

그림 13

는 심리적인 반응이 공존하는 상태다. 물리적인 통증 신호에는 실제 위험이 존재하는 것은 아니기 때문에 뇌는 안전하다는 것을 학습하면서 통증 신호에 익숙해진다. 그래서 더욱 매운 라면을 찾게 된다.

실제 동물 실험에서도 물리적 통증에는 익숙해져 스트레스가 감소하지만 심리적 통증에는 익숙해지지 않아 스트레스가 증폭하기 쉽다는 연구 결과가 있다.[1] 사도마조히즘도 이러한 관점에서 설명할 수 있다. 가학적인 행위를 하는 중에는 보통 때 같으면 단순히 고통스러운 통증에 불과한 자극이 성적 흥분 상태를 일으킨다. 매운 라면과 마찬가지로 통증과 쾌락이 공존하고 있기 때문이다. 실제로는 위험을 동반하지 않는 통증과 그 통증에 익숙해지는 것, 그리고 그 이상의 쾌

그림 14 **통증과 쾌감의 관계**

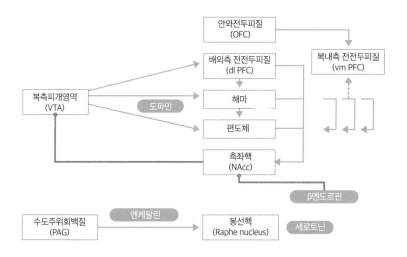

감을 불러일으키는 상태가 일부 사람들을 사도마조히즘에 탐닉하게 만든다.

통증을 수반할 때 쾌락은 그 수위가 한층 높아진다. 통증을 느낄 때 몸에서 이를 완화하려는 화학물질이 방출되는데 그 화학물질에 쾌락성이 있기 때문이다. **맛있고, 기분 좋음으로 인해 생기는 쾌락물질에 통증을 완화시키는 쾌락물질이 더해져 뇌와 신체로 방출되기 때문에 쾌락의 강도가 더욱 세지는 것이다.**

통증 신호가 보내지면 중뇌의 수도주위회백질PAG에서 엔케팔린enkephalin이, 봉선핵Raphe nucleus에서 세로토닌이, 그리고 시상하부에서 β엔도르핀이 방출된다. 엔케팔린과 세로토닌, β엔도르핀 모두 통증을 억제하고 행복감을 일으키는 신경전달물질이다. 우리 뇌는 실제 통증을 느낄 때 이러한 정보 처리를 통해 통증을 완화하고 쾌감을 극대화한다.

동시에 '매운 라면은 맛있다'는 정보, '성적 흥분을 고취시킨다'는 정보가 들어옴으로써 뇌 속에서는 대량의 도파민과 β엔도르핀이 만들어지기 쉬운 환경이 조성된다. 또한 통증 신호가 들어왔을 때 뇌는 다음 기회를 대비하기 위해 통증 정보를 학습한다. 기억 정착을 촉진하기 위해 예측 차분이 큰 통증을 동반하는 상태는 대량의 도파민을 만들어낸다.

그리고 '기분 좋다', '맛있다' 등의 쾌락 상태에 따라 많은 양의 β엔도르핀이 나오기 쉬운 상태가 된다. 도파민과 β엔도르핀이 서로 영향을 주고받으면, β엔도르핀이 더 잘 분비되고 통증 완화를 위해서도 β엔도르핀이 나오면서 뇌 속에는 많은 양의 β엔도르핀이 만들어지는 환경이 조성된다. 쾌락물질의 장대한 퍼레이드가 벌어지는 것이다.

강도가 세지 않은 괴로움이나 통증을 여러 번 반복해 체험하면서 뇌는 그것을 '해롭지 않다', '위험하지 않다'고 학습한다. 학습을 거듭하는 동안 뇌는 통증 신호에 대해 '해롭지 않다', '위험하지 않다'는 정보를 제공하면서 뇌 속에 몸을 이완시키고 편안하게 만드는 전달물질을 만들어낸다. 이때 뇌가 이것을 통증이 아니라고 학습하게 되면 통증을 완화시키는 전달물질이 나와 있는 상태임에도 실제로는 통증을 느끼지 않기 때문에 그 역치 값으로 쾌감은 더욱 높아진다. 그 큰 쾌감이 '가치 기억'으로 자리 잡음에 따라 더욱 통증을 원하게 되면서 통증 정도는 심해져간다. 여기에 중독되면 더욱 심해지는 메커니즘으로 발전하면서 더 매운 라면을 찾게 되고 사도마조히즘의 강도도 더욱 세진다.

이른바 '러너스하이'에서도 유사한 메커니즘이 작동한다.

마라톤처럼 달리기를 하는 동안 뇌에는 근육이나 관절 등에서 다양한 형태의 정보들이 수도 없이 올라온다. 달리는 동안 괴로운 상태가 지속되다가 어느 정도의 고통을 넘어서면 쾌락물질이 대량으로 방출되어 괴로우면서도 기분 좋은 상태가 된다. 이 또한 통증 메커니즘과 상당히 유사하다고 볼 수 있다.

세뇌 메커니즘도 이와 비슷하다. 통증이나 괴로움이 지속되다가 갑자기 종교적인 구원과도 같은 커다란 긍정적인 정동을 경험하면 예측 차분이 커지면서 통증이나 괴로움을 대신해 쾌 정보가 큰 정동 반응으로 기억 흔적을 남긴다.

가정폭력의 메커니즘도 이와 유사하다. 보통 사람들이 보기에 가정폭력을 당하면서도 떠나지 않고 같이 사는 사람들을 이해하기는 쉽지 않다. 하지만 가정폭력의 가해자가 폭력을 행사한 뒤 다정한 태도를 보이면 이전의 폭력적인 태도와 이후 보이는 다정함의 격차가 큰 만큼 뇌 속에 쾌감이라는 기억 흔적을 새긴다. 이것이 가정폭력 희생자가 떠나지 못하는 이유 중 하나일 것이다. 이처럼 통증과 쾌감, 모티베이션은 서로 연관되어 있다.

고통을 즐길 줄 알면 모티베이션이 높아진다

통증과 쾌감 사이의 이러한 관계는 모티베이션에 시사하는 바가 많다.

뭔가를 이루기 위해 분투할 때 우리는 육체적, 정신적으로 고통스러운 순간을 맞딱뜨린다. 그 순간을 견디게 하는 것은 도파민의 몫이다. **괴롭고 힘든 순간을 잘 견뎌왔기 때문에 성취감이 극대화되는 것이다.** 그 차이가 클수록 도파민은 더 많이 방출되고 가치의 기억 흔적화에도 큰 영향을 미친다.

고통과 괴로움을 인내함으로써 이후 커다란 쾌감을 얻을 수 있다는 사실을 알면 오히려 고통이나 괴로운 순간이 있었기 때문에 지금의 기쁨을 만끽할 수 있다는 모티베이션을 머릿속에 새길 수 있다. 그렇게 되면 인생의 고통과 괴로움을 오히려 내 인생의 토대를 풍요롭게 만들어주는 소중한 행운의 신호로 받아들일 수 있게 된다.

이때 포인트는 괴로운 국면이 있기 때문에 큰 쾌감을 얻는 것이라고 진심으로 믿고 강하게 바라는 것이다. 소망의 힘은 바로 거기에 있다.

괴로우면 괴로울수록 사람은 눈앞의 괴로움에 사로잡히기 쉽다. 이럴 때는 소망이 이루어졌을 때의 긍정적인 이미지를 의식적으로 떠올림으로써 도파민을 유도해 앞으로 나아가야 한다. 소망을 이루기 위해서는 뇌와 신체에서 쾌의 반응을 불러일으키는 상상력이 필요하다.

그래서 '고통을 즐긴다'는 말이 있는 것이다.

물론 고통은 괴롭고 팽개치고 싶은 법이다. 그래도 **때로는 스스로 자신을 밀어붙여 그 고통을 오롯이 받아들여보자. 고통을 체감하고 나면 평소보다 큰 차분이 생기면서 더 큰 쾌감을 얻을 수 있다.** 꼭 도전해보고 싶었던 일이나 해내고 싶은 일이 있을 때 힘들다고 포기하는 것이 아니라 오히려 이를 좋은 징조로 받아들이고 상황을 견디며 즐기다 보면 의외로 높은 성과를 낼 수 있다.

하지만 타인을 강제로 밀어붙이는 일은 절대로 해서는 안 된다. 모티베이션은 스스로 결정해서 실천으로 옮기기 때문에 높아지는 것이다. **남에게 강요당하면 도리어 스트레스 과잉 반응을 일으켜 수행 능력은 도리어 떨어진다.** 또한 같은 이유에서 자신이 남에게 강요당하는 상황이라면 무작정 참아보자며 무리해서는 안 된다.

자신을 몰아붙여도 되는 사람은 스스로를 상냥하게 대할 줄 아는 사람이다. 스스로 자신을 진정시키고 휴식시키며 스트레스 관리를 잘하는 사람이다. 그렇지 않은 사람이 무작정 자신을 밀어붙이게 되면 스트레스가 심해지고 심리적 위험 상태에 빠지면서 수행 능력이 현저히 떨어질 수 있다.

한편 스트레스를 어느 정도 관리할 수 있고 의식적으로 자신의 한계를 시험해보고 있다면 스스로 더욱 분발하도록 다른 사람의 도움을 받아보는 것도 나쁘지 않다. 스스로 자신을 다그치기는 상당히 힘들다. 회피 반응에 대처하기가 쉽지 않기 때문이다. 이럴 때는 타인의 도움을 받아 자신의 한계에 도전해보는 것도 좋다.

이 방법은 운동선수에게서 잘 볼 수 있다. 무거운 역기를 들어올릴 때 뇌는 몸보다 빠르게 '더는 무리야, 그만두자'라며 회피 반응을 보인다. 이럴 때 코치의 도움을 받아 자신의 한계를 넘어서고자 한다.

공부도 마찬가지다. **남이 시켜서 하는 공부와 스스로 원해서 하는 공부는 큰 차이를 보인다.**

고통을 감내하고 즐길 줄 알아야 성장에 한 성큼 다가설 수 있다. 스스로 의도한 고통과 괴로움은 우리를 강하게 만든다. 고통스러울 때 분발하면 뇌 속에는 각종 쾌락물질과 도파민을 비롯한 성장전달물질이 총동원된다. 고통과 쾌감 사이에 커다란 차분이 생기기 때문에 도파민도 평소보다 많이 분비된다. 도파민은 기억력과 학습 효율을 높여 우리의 성장을 더욱 촉진한다. 괴로운 상태에서 무언가를 달성하면 역치 값으로 도파민이 쉽게 나오기 때문에 학습 효율도 높아진다. 이 고난을 견디는 것의 가치를 학습하는 것이 다음 고난을 극복하기 위한 모티베이션이 된다. 다시 말해 더 어려운 일에도 도전하는 뇌를 만들어낸다.

모티베이션을 키우기 위한 힌트 12

고통을 즐길 줄 아는 여유를 갖는다

때로는 스스로 자신을 몰아세워 고통과 괴로움을 수용해보자. 고통 후에 평소보다 더 큰 쾌감이 생긴다는 사실을 인지하고 있으면 오히려 괴로운 순간을 견디며 즐길 수 있는 여유를 가질 수 있다. 하지만 타인을 몰아세워서는 안 된다. 어디까지나 '스스로' 채찍질할 때 효과는 극대화된다.

고통을 견디고 즐길 줄 알면 성장이 가속화한다

스스로 뛰어든 고통이나 괴로움은 우리를 강하게 만든다. 고통스러울 때 노력하면 성장전달물질이 많이 분비된다. 밑바닥부터 쾌를 향한 큰 차분을 만들어 평소보다 도파민을 더 많이 방출해 쾌도 증폭한다. 그것이 다음 고난에 대한 모티베이션으로 이어져 사람을 크게 성장시킨다.

돈과 모티베이션의
특수한 관계

돈이 싫다는 사람은 거의 없다. 그래서 많은 사람들이 모티베이션을 높이기 위한 수단으로 돈을 가장 먼저 떠올리는 경우가 많다. 하지만 흔히 말하듯이 '돈이 전부는 아니다.'

돈은 뇌에 특이한 자극제

갓 태어난 아기가 돈을 보고 '오~, 정말 가치 있는 것이야' 하고 감탄하는 일은 절대로 없다. 돈은 선천적으로 가치 있는 것으로 뇌 속에 입력되어 있지 않다. 성장하는 과정에서 후천적으로 가치 있는 것으로 학습된다.

성장해가는 과정에서 모든 생물은 무수한 체험을 거듭한다. 이때 사건들은 그에 대한 감정 기억과 함께 뇌 속에 흔적을 남긴다. 그 기억이 자신에게 좋은 것이면 같은 체험을 반복하려고 한다. 그러다 보면 뇌 속에서 긍정적인 에피소드 기억과 감정 기억이 굵은 회로로 연결되어 하나의 '가치 기억'으로 축적된다.

하지만 어른으로 성장해가면서 이 가치 기억을 수반하는 쾌의 경험을 돈으로 살 수 있는 구조에 직면한다. 오히려 **가치 기억화된 쾌의 경험을 돈 이외의 것으로 대체하기란 쉽지 않다. 그런 의미에서 뇌에 돈은 매우 특이한 자극제이다.**

여러 가지 가치 기억으로 저장된 쾌의 경험을 돈으로 살 수 있게 되면 그 가치 기억은 돈과 밀접한 관련을 맺게 된다. 돈은 뇌 속에서 다양한 가치 기억과 결합되는 특수한 존재이다. '함께 발화하는 뉴런은 서로 결합한다Neurons that fire together wire together'는 법칙은 여기에도 적용된다. 여러 가치 있는 경험과 돈이 동시 발화함으로써, 돈은 뇌 속에서 유례를 찾아보기 힘든 존재로 각인될 가능성이 크다.

확실히 돈은 가치로서 머릿속에 강한 기억 흔적을 남기기 때문에 보상 예측을 끌어내는 모티베이터로서 작용할 가능성 또한 매우 크다. 다시 말해 돈은 외부 자극으로 도파민을 쉽게 유도한다.

하지만 앞서 쥐의 도파민 실험에서 살펴보았듯이 보상이 크다 해도 익숙해진 자극에는 도파민이 나오지 않는다. **매달 똑같은 금액의 월급만 받으면 도파민은 점차 나오기 힘들어진다.** 월급을 처음 받을 때는 설레일 것이다. 그러나 시간이 지나 당연한 것이 되면서 월급을 받아도 별다른 감흥이 일지 않게 된다.

도파민을 끌어내는 토대는 예측이나 기대와 다른 차분이다. 전혀 기대하지 않았던 예상 밖의 금액이 도파민 트리거가 된다.

복권은 도무지 보상을 예측하기가 어렵다. 어쩌면 수십 억이라는 생각지도 못한 금액을 얻을 수 있을지 모른다는 기대 심리가 도파민을 유도한다. 길거리에서 돈을 줍게 되면 금액이 크지 않더라도 흥분하는 이유는 이것이 좀처럼 없는 일이기 때문이다.

자신이 예측한 것과 긍정적으로 어긋나는 경우라면 도파민을 유도하기 쉽다. 그런 환경을 항상 만들 수만 있다면 도파민은 쉽게 유도될 테지만 그런 일은 현실적으로 일어나기가 매우 힘들다.

반대로 조금이라도 예상이 부정적으로 어긋나면 돈은 강한 가치 기억으로 자리잡고 있기 때문에 분노, 슬픔, 불안, 공포라는 강한 감정을 불러일으킬 가능성이 크다. 목숨과도 같은 가치 기억으로 저장되어 있는 경우에는 더 큰 분노와 슬픔, 불안, 공포와 같은 부정적인 정동 반응을 보일 수 있다. 돈의 특성상 기대가 어긋나면 심리적인 위험 상태에 빠지기 쉽고, 집중력이나 기억력, 행동력도 현저히 떨어진다.

돈이 다른 모티베이터와 다른 점은 뇌의 신경회로가 여러 기억과 결합되어 기억이 공고해짐으로써 돈에 대한 가치관이 그 사람의 인지적인 유연성을 규정한다는 사실이다. 다른 것은 다 받아들이면서도 유독 돈에만 부정적인 정동 반응을 보일 수도 있다. 돈은 그만큼 특이하고 강력한 뇌의 배선을 만들어낸다.

돈은 그 특수성으로 인해 단기적으로는 모티베이터로서 크게 작용할 수 있지만 장기적으로는 그 효과가 현저히 떨어진다. 왜냐하면 보상에 익숙해지지 않도록 돈을 조금씩 늘리며 변화를 주지 않으면 안 되기 때문이다. 한정된 돈으로 그렇게 하기는 매우 어려울 것이다.

돈으로만 모티베이션이 되지 않도록 설계한다

기억 흔적을 남기는 과정에서 뇌는 기억 정보를 일반화하는 특성을 갖고 있다. 우리가 보상으로 돈을 고려할 때 이를 잘 설계하지 않으면 학습 모티베이션으로 이어지기가 매우 어렵다.

같은 일을 하더라도 오로지 돈이 모티베이터가 되는 경우와 그렇지 않은 경우는 결과가 사뭇 다르다. 동일한 프로젝트를 맡아 일을 하는 A와 B라는 사람을 상정해보자. 오로지 돈이 모티베이터로 작용하는 A는 프로젝트의 완수와 더불어 돈을 받음으로써 체험이 종료된다. 반면 B는 프로젝트 과정 중에 동료들과 이야기하고 식사하는 등 인간적인 교류 또한 모티베이터로 삼았다. A의 경우에는 프로젝트가 끝나고 돈을 받았을 때만 긍정적인 정동을 받았다. 다음에 또 다른 프로젝트에 들어갈 기회가 있더라도 A는 돈을 우선으로 생각할 것이다. 돈이 아니면 행동으로 전환하기 힘든 타입인 것이다.

반면 B는 여러 가지 쾌감을 긍정적으로 체험했고, 돈은 그 일부에 지나지 않는다. 오히려 다른 행동 모티베이터가 강할 수도 있다. **사람**

그림 15 **기억 흔적과 일반화**

A

돈이 모티베이터

B

돈 이외의 것도
모티베이터

들에게 공헌을 하거나 감사함을 느끼며 쾌의 경험이 많이 쌓이다 보면 그것이 모티베이터로 작용해 행동에 착수할 수도 있다. 따라서 예측하기 쉬운 돈이라는 모티베이터뿐만 아니라 체험에서 얻은 긍정적인 감정을 통해 모티베이터를 갖는 것이 모티베이션을 이끌어낼 가능성을 더욱 높인다.

일에 대한 결과만으로 긍정적인 감정이 싹튼다면 결과 말고는 모티베이션을 만들어낼 수 없다. 이것이 나쁘다는 것은 아니지만 그런 사람은 결과가 어떻게 될지 모르는 일에 위험을 감수하며 도전할 확률이 매우 낮다.

반면에 결과에서 비롯한 긍정적인 감정을 소중하게 여기면서도 과정에서 얻는 가치, 쾌감, 기쁨, 보람 또한 소중히 여기는 사람은 결과가 어떻게 될지 모르는 일에도 일 자체의 의의와 즐거움을 찾아 새롭게 도전할 가능성이 크다.

사실 처음부터 결과가 보이는 일은 거의 없다. 설사 있다 하더라도 그런 일은 앞으로 기계나 인공지능이 대신하게 될 것이다. 미래에는 결과가 아니라 과정을 중시하는 뇌가 더욱 주목받을 것이다.

모티베이션을 키우기 위한 힌트 13

돈은 감정을 흔든다

돈은 뇌에 견고한 가치 기억으로 저장되는 경우가 많다. 따라서 결핍은 큰 불안과 공포를 이끌어 기피 모티베이션을 낳기 쉽다.

돈은 예측이 쉽다

여러 번 경험한 보상은 그 보상을 정확히 예측하기 쉬워 도파민을 유도하기 어렵다. 뇌가 보상에 익숙해지기 때문이다. 물론 경험해보지 못한 예상 밖의 상황에서 이루어지는 보상은 도파민을 크게 촉진한다.

과정에 쾌 감정을 아로새긴다

일련의 학습, 체험, 프로젝트 등에서 결과만이 아니라 과정에 쾌 정동의 모티베이터를 끼워 넣는다. 그러면 뇌가 그러한 일들에 대한 기억에 영향을 미치면서 모티베이션을 높인다.

과정이 없으면 결과도 없다

과정에 대한 가치 부여가 모티베이션을 높이고 과정에 힘을 실음으로써 성장을 촉진한다. 그 결과 성과를 높이는 데에도 기여한다.

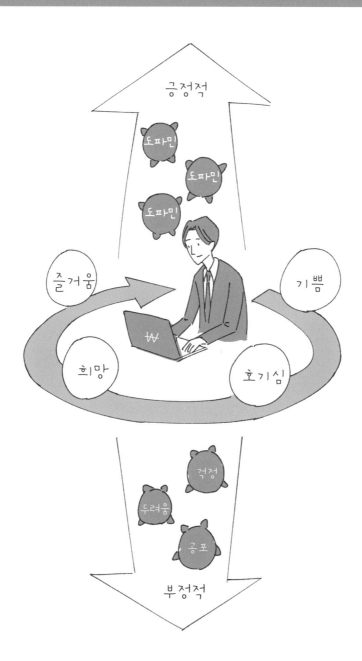

11

모티베이션
매니지먼트

뇌는 일어난 사건뿐만 아니라 사건이 일어난 당시의 감정을 기억으로 저장하고 있다.

앞서 오로지 돈이 모티베이터였던 A와 일 자체와 인간적인 교류도 모티베이터로 작용하던 B가 동료 X와 어떤 관계를 맺고 있는지 고찰해봄으로써 감정 기억이 모티베이션에 어떤 영향을 미치는지 살펴보자.

X는 A에 대해서 아무래도 좋지 않은 점을 보고 듣고 접한 경험이 많다. A는 X의 기억에 부정적으로 남아 있다. 일은 참 잘한다고 생각한 적이 가끔 있어도 평상시의 태도나 행동에는 거부감을 느낄 때가 많았다. 이것이 A에 대한 X의 감정 기억이다.

한편 B에 관해서는 긍정적인 기억 흔적을 쌓아나가고 있다. 몸에 밴 배려와 친절, 일과 직접적으로 관련이 없는 상황에서 보고 들은 행동에 대한 호감 등, B에 대해서는 긍정적인 감정 기억이 남아 있다.

이러한 기억은 X의 행동에 영향을 미치기 쉽다. X는 A에 대해서는 기피 모티베이션이 작동하는 반면 B에 대해서는 호감 모티베이션이

그림 16 **평소 모습의 소중함**

작동한다.

일터에서는 일을 잘하는지 여부만 주목하기 쉽지만 사람을 판단하는 데 이용되는 정보는 그게 다가 아니다.

피드백은 관계에서 나온다

X는 A와 B 중 누구로부터 피드백을 받기 원할까. 같은 피드백이라도 A의 말보다 B의 말을 더 순순히 받아들이지 않을까. 평소 그 사람의 행실을 자주 볼 기회가 없거나 자신의 부정적인 부분만 들추어내

는 사람에게 피드백을 받으면 머릿속에 잘 들어오지 않는다. 기피 모티베이션이 작동할 가능성이 크기 때문이다. 반면 평소의 행실에서 긍정적인 인상을 받은 사람이라면 아무리 부정적인 피드백을 주더라도 보다 유연하게 받아들일 수 있다. 즉 피드백을 주는 쪽과 받는 쪽의 관계에 따라 의사소통의 질은 전혀 달라진다. **평소 관계를 맺은 적이 없거나 부정적인 피드백을 자주 주던 사람이 무언가를 얘기하면 상대방이 그것을 받아들이지 못하는 경우가 많다.**

반대로 피드백을 받는 쪽은 어떤 모티베이션으로 피드백을 주는 사람과 관계를 맺으면 좋을까. 비록 상대방이 자신에 대해 부정적인 인상을 갖고 있더라도 '나에게 도움이 되는 부분도 있을 것이다'라는 자세로 임하는 것이 자신의 성장 가능성을 넓혀줄 것이다. '평소 저 사람은 제대로 일도 하지 않고, 자기 업무에 대한 이해도 없이 말하고 있다'고 마음의 문을 닫아버리면 소중한 학습 기회를 잃을지도 모른다. 배우고 성장하기 위해서 피드백을 주는 쪽과 받는 쪽 모두 평소 행동이나 태도를 조심할 필요가 있다. 그래야만 보다 원활한 소통과 성장의 선순환을 이룰 수 있다.

모티베이션은 사람마다 다르다

앞서 메타인지를 통해 자신을 객관적으로 볼 줄 아는 능력을 강조한

바 있다. 그 이유는 개개인이 각자 체험이 달라 뇌에 기입된 정보나 기억이 다르기 때문이다. 즉 당신이 어떤 체험을 하면서 어떻게 느꼈는지에 대한 정보가 당신의 모티베이션 방식에 영향을 미치기 때문이다.

회식을 예로 들어보자. 당신은 회식에 긍정적인가 부정적인가. 물론 어떤 회식이냐에 따라 다르겠지만 그때 우리로 하여금 '좋다'거나 '싫다'라고 판단하게 만드는 뇌의 작용이 있다. 그것은 지금까지 길러온 체험 정보를 뇌가 일반화하는 과정에서 생겨난다. 예를 들어 지금까지 회식에 대한 기억을 뇌가 부감적으로 판단해 '좋다' 혹은 '싫다'는 감각을 가져다준다. 즉 지금까지 겪었던 일에 대한 감각을 패턴화해 호불호에 대한 감각을 불러일으킨다.

하지만 뇌의 감각은 반드시 확률론적이지만은 않다. 회식에서 불쾌한 경험을 한 적이 열에 하나에 지나지 않더라도 그것이 강한 감정 기억으로 남아 있다면 당연히 모티베이션은 이에 영향을 많이 받는다.

이처럼 사람들의 모티베이션 양상이 체험과 그에 따른 감정의 발현 양상에 따라 다르고 누구 하나 같은 체험을 할 수 없다고 한다면, 개인마다 모티베이션의 발생 양상이 다르다는 것은 너무나 자명한 일이다. 그 때문에 아무리 유능한 사람이나 명성이 자자한 사람들의 이야기라도 그 모티베이션이 자신에게 꼭 들어맞는다고 볼 수 없다. 따라서 모티베이션을 제대로 관리하기 위해서는 자신이 겪은 사건들과 감정의 발생 양상, 자기 마음속에 강하게 존재하는 체험 기억, 가치 기억이나 가치관 등을 스스로 더듬어가는 작업이 필요하다. 메타인지를 통해 자기와 마주하는 작업이 필요한 이유는 모티베이션을 높이는 요인이 외부만이 아니라 자기 내부에, 즉 뇌에 새겨진 기억에도 있기 때문이다. 자신을 고양시키는 순간이 언제인지를 깨닫고 그러한 체험 기억을 찾아 자기 안에 잠재되어 있는 그 정보를 끄집어냄으로써 우리는 점점 더 자신의 모티베이터를 알아채기 쉬울 뿐만 아니라 자기 뇌를 모티베이션을 높이는 방향으로 이끌 수 있다.

무엇을 왜 하려는지를 명확히 한다

모티베이션이란 자신이 무언가를 하기 위한 원동력이다. 따라서 모티베이션을 높이려면 일단 자신이 무엇을 하려고 하는지, 지금 하고 있는 일은 무엇인지 잘 알고 있어야 한다.

자신이 무엇을 하려는지조차 모르거나 모호한 상태에서는 불안이나 공포의 정동이 높아져 뇌의 기능을 효율적으로 활용하기 어렵다. 그렇기 때문에 그 모호함을 지우는 것은 불안과 공포를 없애는 수단이자 모티베이션을 높이기 위한 대전제이다.

실제로 자신이 '하려고 하는 일에 대해 깊이 잘 안다'는 말은 무슨 뜻일까.

단순히 피상적으로만 안다고 되는 게 아니다. 사실을 알면 되는 것도 아니다. 많은 사람들이 하는 일을 참고한다고 될 일도 아니다. 하려는 일 자체를 자기 뇌 속에서 경험이나 기억과 연관 짓는 것이 진정한

메타인지의 중요성을 항상 의식한다

사람에 따라 뇌의 기억 흔적은 매우 다양하다. 모티베이션을 만들어내는 원천은 자기 머릿속에 있는 기억이다. 자신이 지금까지 해왔던 일이나 소중하게 생각해온 일이 무엇이었는지 잘 알고 있어야 한다.

기억

의미에서 깊이 아는 것이다.

일을 하는 경우라면, 자신이 해왔던 과거의 경험을 토대로 "이 일을 왜 하는 가?", "어디에 필요한가?"를 생각하는 것이 첫걸음이다. 그때 어떠한 사건이 있었으며, 그와 관련해서 어떤 감정이 싹텄는지 하나하나 꼼꼼히 살펴야 한다. 선배나 직장 상사가 '이 일은 이렇게 해야 한다'고 가르쳐주는 경우가 흔하지만 중요한 것은 그 정보를 어떻게 기억하고 이해하고 있는가이다. 이것이 흔히 말하는 '자기 것으로 만든다'는 것의 의미다.

다시 말해 자기화한다는 것은 '자기 뇌에 저장되어 있는 과거의 에피소드 기억, 감정 기억, 가치 기억을 돌이켜보며 이를 눈앞에 있는 현상과 연관 짓는 작업'을 하는 것이다.

자신의 과거 경험을 되돌아보면 거기에는 분명 감정적인 요소들이 존재한다. 그 감정이 부정적이기 때문에 행동으로 옮길 모티베이션이 안 생길 수도 있다. 가치 기억을 더듬어 그 행동을 가치 없다고 판단해 행동하지 않는 편이 좋다고 모티베이션을 정지시킬 수도 있다. 반대로 감정적인 요소를 이끌어냄으로써 '하지 않으면 안 된다'라고 결의를 다지거나 가치 기억을 동력 삼아 '해야 한다'는 행동을 유발하기도 한다.

자기가 '하려는 일을 깊이 이해하고 있다'는 것은 눈앞의 일을 지금까지의 경험이나 가치 기억과 연관지어 '하려는 일을 자신과 연계시키는' 작업인 것이다.

모티베이션을 키우기 위한 힌트 15

할 일과 하고 있는 일을 자기 뇌로 안다

무지나 불확실성에서 비롯한 불안이나 두려움을 없애기 위해서라도 자신이 할 일과 하고 있는 일을 명확히 인식할 필요가 있다. 또 할 일과 하고 있는 일을 자신의 과거 기억(에피소드 기억, 감정 기억, 가치 기억)과 연관 지어 해석함으로써 자기감정을 움직여 모티베이션으로 연결해야 한다. 이것이 이른바 '자기화'한다는 것의 의미다.

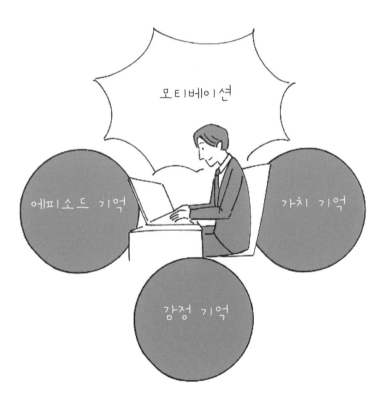

자기 뇌로 결정해야 모티베이션을 높일 수 있다

모티베이션은 스스로 결정해야 높아진다.

자신의 생각을 최종적으로 의사 결정해 행동으로 옮길 때 사용되는 뇌 부위는 배외측 전전두피질dl PFC이다. 의사결정 과정에서 배외측 전전두피질은 가치 기억이나 에피소드 기억, 감정 기억을 충분히 참조하고, 과거 경험으로부터 유추해 판단한다. **하지만 누가 시켜서 의사 결정을 한다면 이 뇌 기능은 활성화되지 않는다.** 이러한 뇌 기능을 활성화시키려면 무엇보다 자기 스스로 결정해야 한다.[12]

생각한다고 하면 언뜻 사고적 요소가 많은 것으로 생각하기 쉽다. 하지만 과거 사건을 되돌아보고 살펴보는 것도 사고의 중요한 한 요소다. 그때 과거사에 대해 자신이 품었던 감정 정보까지 참조해 의사 결정을 내리는 것이 포인트다. 과거의 일들을 제대로 살펴봐야 감정적인 요소나 자기 가치관이 합세해 '좋아, 해보자'라는 모티베이션으로 연결되기 쉽다.

우리 뇌는 과거의 경험을 바탕으로 '이렇게 하면 이렇게 될 것이다, 그러니까 이렇게 해보자'라고 정보를 처리하거나 예측을 한다. 하지만 뇌 속에서 예측하여 뭔가를 체험하면 뇌 속에서 이미지화한 것과 실제 현상으로 드러난 것 사이에는 차분이 생길 수밖에 없다. 그 차분이 도파민을 유도해 학습 효율을 높인다. **누가 시켜서 한다면 이런 예측 단계 없이 체험하는 일이 된다. 그렇게 하면 예측을 하고 난 후에 행동하는 것보다 차**

분이 약해지기 때문에 학습 효율이 떨어진다.

'예습이 중요하다'는 말은 학교 공부뿐만 아니라 모든 학습에 해당된다. 배외측 전전두피질을 활용해 예측한 뒤에 입력하느냐 아니면 아무것도 하지 않고 입력하느냐에 따라 학습 효과에 큰 차이가 생기기 때문이다. 설령 일이 잘 안 풀린다 해도 준비한 만큼 뭐가 잘 안 풀린 것인지가 명확해진다. 불확실성 때문에 생기는 스트레스로 모티베이션이 떨어지는 것을 방지함으로써 배움과 성장의 모티베이션을 유지할 수 있게 되고, 준비하고 있기 때문에 실패해도 성공의 잠재력에 주의를 기울이기가 더 쉬워진다. 그러한 준비한 상태에서 겪는 시행착오는 배움과 성장의 원동력이 된다.

위화감과 갈등은 모티베이션에 양분이 된다

위화감에 긍정적인 이미지를 갖고 있는 사람은 많지 않을 것이다. 하지만 위화감을 느끼는 것은 뇌의 뛰어난 기능 중 하나이다. 오히려 위화감을 느끼는 것을 우리는 다행으로 여겨야 한다.

뇌 속에 들어온 정보가 이미 뇌에 각인되어 있는 정보와 다르거나 어긋나면 전대상회ACC가 활성화한다. 전대상회는 비언어적인 감각으로 뇌에 위화감을 전달한다.[13] 따라서 전대상회가 비언어적으로 알려주는 것을 알아차릴 수 있다면 판단에 큰 도움을 얻을 수 있다. 위화감

모티베이션을 키우기 위한 힌트 16

스스로 결정한다

스스로 의사를 결정하고 행동한다. 이는 스스로 생각하고 느끼고 결단한다는 것, 즉 자기의 에피소드 기억, 감정 기억, 가치 기억을 참조해 결정한다는 것을 의미한다. 따라서 감정이 움직여 모티베이션이 높아지고, 뇌가 예측한 행동과 실제 현상 사이의 차분을 낳음으로써 학습과 성장에 기여한다. 누가 시켜서 행동하게 되면 이러한 뇌 기능이 전혀 쓰이지 못한다.

이라는 감각은 논리적으로 설명할 수 없어 대수롭지 않게 넘겨버리기 쉽다. 하지만 위화감은 뇌가 지금까지 데이터베이스에서 산출한 뇌의 생물학적인 논리에 따른 정보이다. 정말로 활용할 수 있는 정보인지 아닌지는 중요하지 않다. 그보다 위화감을 활용할 수 있는 뇌로 성장시키는 것이 관건이다. 그러기 위해서는 먼저 자신의 위화감에 주의를 기울여야 한다. 그것은 틀림없이 당신의 경험이 알려주는 소중한 정보이다. 그 위화감이 어디에서 오는지 말로 표현해보려고 노력하고 고민하다 보면 전에는 몰랐던 새로운 것을 발견하게 되거나 과제 발견의 단초를 찾을 수 있다. 그러면서 결과적으로 직관력과 의사결정 능력을 높일 수 있다.

뇌 안에서 '이러지도 저러지도 못하는' 상태의 복잡한 정보 처리가 이루어지고 있는 갈등 상태도 모티베이션 요소로 작용한다. 부모나 상사는 자식이나 부하 직원에게 스스로 생각할 겨를도 주지 않고 무엇이든 가르쳐주거나 어려울 때 바로 도움을 주는 경우가 많다. 그러면 갈등 상태는 일시에 중단된다.

하지만 갈등하는 상태에서 스스로 이 갈등을 해소하고 실제 행동으로 옮겨야 비로소 인간은 무언가를 배우게 된다. 일의 성패와 상관 없이 말이다. 상황을 예측하고 판단한 후에 행동하기 때문에 차분이 생기고, 차분이 생기기 때문에 도파민도 나오기 쉬워지며, 도파민이 나오기 때문에 배움이나 학습의 기억 정착 효율이 높아진다.

스스로 해볼 여지를 주지 않고 주변에서 바로 도움을 주게 되면 갈등 상태에 따른 뇌 속 정보 처리 과정이 멈추게 된다. 이래서는 뇌가 제대로 성장하지 못한다. 평생을 누군가에게 보호받고 살아갈 수 있다면 좋겠지만 부모나 직장상사가 항상 옆에서 지켜봐줄 수 있는 것도 아니다. 일을 하고 살아가기 위해 스스로 의사 결정을 내고 행동해야 하는 순간은 굉장히 많다. 그때 **갈등 상태를 겪어본 뇌로 의사 결정 능력이 길러지지 않으면 자기 스스로는 아무것도 할 수 없는 인간이 되면서 모티베이션을 높이기 힘든 상태에 빠지고 만다.**

수많은 갈등 상황을 겪으며 스스로 느끼고, 생각하고, 의사 결정을 내리는 과정을 거듭하다 보면 지금 여기서 더 나아갈지 아니면 멈춰야 할지 더욱 빠르게 의사결정할 수 있게 된다. 물론 갈등은 괴로운 일이다. 하지만 갈등 상황이 닥쳤을 때 '이를 극복하고 나면 한 뼘 성장할 거야'라고 생각해보기 바란다. 이렇게 생각해보는 것만으로도 뇌는 바로 안정 모드로 돌아서면서 모티베이션을 높이는 환경이 조성된다.

자신감을 갖기 위해서는 위화감을 조정해 일치시킨다

우리는 살면서 부모나 상사, 주변 사람들로부터 자신감을 가지라는 말을 종종 듣게 된다. 하지만 이 자신감은 어떻게 생겨나는 것일까?

자신이 지금 하고 있는 일과 평소 소중하게 생각해온 가치가 일치할 때, 즉 과거의 에피소드 기억과 가치 기억이 현재 하고 있는 일을 긍정적으로 볼 때 자신감이 생겨난다.

자신이 왜 이 일을 하고 있는지 초심을 잃을 수 있다. 이럴 때 전대 상회는 위화감을 드러내 기존의 가치관을 재검토하도록 유도한다.

자신이 지금 하는 일이 지금까지 자신이 해왔던 일이나 소중히 생각해온 가치 관과 뭔가 어긋나 있다면 이를 알아차리고 수정해가면서 긍정적인 사건과 그에 따른 긍정적인 감정을 한번 꼼꼼히 챙겨보자. 이 사이클이 잘 돌아가면 비로 소 자신감을 갖는 상태가 된다.

뇌 속 구조로 보면 이것은 굉장히 멋진 상태다. 보상 예측, 쾌감 예측 을 가능하게 하는 가치 기억이 견고해지면서 도파민이 분비되기 쉬운 상태가 될 뿐만 아니라, 자신이 체험한 과거의 일로부터 긍정적인 쾌감 정동이 생기면서 도파민을 유도할 수 있는 상태로 되기 때문이다. 다양 한 요소가 서로 뒤섞여 자신을 고양시켜주는 뇌 속 상태가 자신감을 가 진 상태다. 이러한 뇌 속 시스템이 완성되어야만 비로소 진정한 의미의 자신감으로 이어진다고 할 수 있다.

근거 없는 자신감이 도전 정신을 키운다

자신이 체험하면서 성취한 것을 통해 자신감을 키우다 보면 모티베 이션 능력은 자연히 길러진다. 하지만 자신감은 실제 행동이나 체험을 통해서만 얻을 수 있는 것은 아니다. 이루어놓은 것이 아무것도 없는 상태에서 '어떻게든 될 거야'라고 근거 없이 자신감을 갖기도 하는데 이는 결코 무시할 수 없는 자질이다.

새로운 일이나 미개척 영역에는 선례가 있을 리 없다. 당연히 근거도 없다. 그렇기 때문에 처음에 근거를 만들어가는 과정에서는 '어떻게든 되겠지', '무엇이든 해보자'라는 태도가 모티베이션으로 작용한다.

결과만을 생각하는 뇌에서는 이러한 모티베이션은 생겨나기 어렵다. 과정에 가치를 느낄 수 있는 뇌라야 이 근거 없는 영역에도 주의를 기울인다.

앞으로 어떻게 될지 모르는 일에 도전하고, 그로부터 많은 것을 배우거나 일이 잘 풀리는 등의 긍정적인 경험을 메타인지하다 보면 이후 뇌에 '어떻게 될지 모르는 일을 만나더라도 어떻게든 되겠지'라는 기억이 강하게 배선되면서 도전적인 뇌가 길러진다. 뉴런 접합부에서 시냅스가 강화되어 전도 효율이 좋아지기 때문이다.

여기서 무엇보다 중요한 것은 계속 도전을 거듭하는 자세다. 아울러 도전으로부터 얻은 것을 메타인지를 통해 부감적으로 파악하는 것이다. 그냥 단순히 도전을 해서 배웠다는 식으로 끝나서는 뇌 속에서 '도전에 대한 기억'과 '획득한 것의 기억'이 서로 연결되지 않는다.

'함께 발화하는 뉴런은 서로 결합한다'는 원칙에 따라 '도전했을 때의 기억'과 '그로부터 얻은 것의 기억'을 뇌에서 동시에 재현할 수 있어야만 '도전하면 뭔가를 얻을 수 있다'는 뇌의 배선이 만들어진다. 그리고 이러한 체험을 반복함으로써 뇌가 점차 도전이라는 것을 가치 있는 것으로 받아들이면서 이를 강한 기억으로 뇌에 새긴다. 뇌가 도전 자체를 가치 있는 것으로 인식하게 되면 결과가 어떻게 될지 알 수 없는 일에 대해서도 부정적인 회피 반응 없이 긍정적으로 모티베이션을 높일 수 있다. 근거 없이 자신감을 갖는다는 것은 바로 이런 상태를 일컫는다.

따라서 뭔가를 가르치는 입장에 있는 교사나 지도자는 피교육자가 무언가 배우거나 성과를 냈을 때 단순히 기뻐하는 데 그치지 말고 그와 동시에 '처음 일에 도전했던 순간부터 시작해 도전의 전 과정을 되새길 것을 피교육자에게 독려하는 것이 좋다. 그래야 도전을 두려워하지 않는 뇌, 근거 없이 자신감을 갖는 뇌를 키울 수 있다.

근거 없는 자신감을 이끌어내는 전극측 전전두피질ᅴ PFC은 뇌의 최첨단 부위에 위치하며 매우 고등한 정보 처리를 담당한다. **근거 없는 자신감이란 리스크를 인식하고 있음에도 불구하고 불안감을 뒤로하고 긍정적인 요소나 가능성을 보고 꿈이나 미래 이미지를 그리며 앞으로 나아가게 고등한 뇌의 기능이다.**[14]

미지의 땅을 밟는 탐험가는 위험이 있다는 것을 알면서도 이에 대비해 대책을 마련하고 준비에 나선다. 그러고 나서 미지의 땅에 발을 딛는 순간의 의미나 보람을 되새기며, 앞에 펼쳐진 세계에 가슴 가득 포부를 안고 앞을 향해 나아간다. 처음부터 할 수 있는 사람은 어디에도 없다. 그럼에도 앞으로 나아갈 수 있는 것은 '나는 어떻게든 될 것이

모티베이션을 키우기 위한 힌트 17

위화감을 받아들인다

위화감은 뇌의 기억 흔적에서 도출된 오류 예측을 비언어적으로 알려준다. 이를 알아차리고 언어화하면 새로운 발견과 성장에 도움이 된다. 위화감을 알아차리고 이를 즐길 줄 알면 모티베이션이 높아진다.

갈등을 포용한다

갈등은 뇌의 다른 감정적 반응이나 인지적 반응이 동시에 진행되어 있는 고등 정보 처리 상태이다. 갈등을 거듭함으로써 뇌의 처리 기능이 향상되고 직관이나 직감, 인지적 유연성이 높아진다. 따라서 고민과 갈등은 뇌의 성장에 필수적이다. 과보호는 고민과 갈등의 기회를 차단하면서 뇌의 성장을 방해한다. 뇌가 갈등을 겪는 상태를 성장의 증거로 인식하게 되면 모티베이션은 점점 높아진다.

하고 있는 일이나 하려는 일에 대한 믿음을 갖는다

하고 있는 일이나 하려는 일에 대한 믿음이 모티베이션을 높인다. 이러한 믿음은 자신이 지금 하고 있는 일이나 하려는 일을 지금까지 자신이 해왔던 일(에피소드 기억과 감정 기억)이나 자신이 소중히 생각해온 것(가치 기억)과 결부시킴으로써 생겨난다. 실패를 성장의 기회로 삼고 위화감을 조정해가며 즐거웠던 때를 음미하고, 자신이 잘했던 부분이나 좋았던 부분을 많이 발견해가다 보면 하고 있는 일이나 하려는 일에 대한 자신감이 싹튼다. 이렇게 자라난 진정한 자신감은 큰 모티베이터가 된다.

다'라는 막연한 자신감 덕분이다. 근거 없는 자신감이라고 우습게 여기지 말고 이를 새로운 도전이나 배움을 향한 동력으로 삼길 바란다.

모티베이션이라 해도 실로 다방면에 걸친 요소들이 서로 얽혀 있다. 여기서 말하고 있는 모티베이션의 원리는 어디까지나 한 사람 한 사람의 모티베이션, 주변의 팀원이나 관련된 사람들의 모티베이션을 생각하기 위한 힌트다. 그 힌트를 자신의 환경에서 어떻게 활용할 수 있는가는 자기 자신에게 달려 있다. 자신의 환경, 기억에 주의를 기울이고, 자신의 뇌로 생각하고, 시행착오를 거듭하고 갈등을 겪고 그것을 되새기다 보면 어느새 몰라보게 성장해 있는 자신을 발견하게 될 것이다.

하지만 모티베이션을 높이고 앞으로 나아가기 위해서는 뇌를 얼마나 잘 쉬게 해주는가도 중요하다. 뇌를 잘 쉬게 해주는 방법 중 하나는 스트레스를 잘 제어하는 것이다. 다음 장에서 우리는 모티베이션을 더욱 높이기 위해 스트레스를 활용하는 방법을 고찰할 것이다.

CHAPTER 2

STRESS

스트레스

01

스트레스의
원리를 이해한다

스트레스를 잘 활용하면 성과를 높일 수 있다

스트레스를 주제로 강연할 때 나는 종종 다음과 같은 퀴즈를 낸다.

갑작스럽지만 집중력 테스트를 해보겠습니다.

지금부터 3초간 그림 17의 일러스트 안에 색이 들어간 동그라미가

몇 개 있는지 세어보시기 바랍니다.

그럼 시작해주세요.

…(6초 경과)

이제 멈춰주세요.

숫자를 다 세신 분은 알려주세요.

퀴즈를 낼 때 나는 '3초 안에 숫자를 세주세요'라는 조건을 달았다.

하지만 사실 그 두 배인 6초의 시간을 주었다. 여기에서 중요한 것은

그림 17

실제 시간이 아닌, '3초'라는 압박이다.

　'3초'라는 조건을 다느냐 마느냐에 따라 사람들의 수행 능력은 달라진다. 3초밖에 없기 때문에 집중을 다해 인지력을 높이는 사람이 있는가 하면 3초밖에 안 된다는 생각에 초조해하면서 시간을 허비하는 사람도 있다.

　이 퀴즈와 같이 스트레스에 대한 반응 양상은 사람마다 다르다. 스트레스를 받음으로써 수행 능력이 떨어지는 사람도 있는 반면 오히려 수행 능력이 높아지는 사람도 있다. 스트레스는 쓰기에 따라 약이 되기도 하고 독이 되기도 한다. 하지만 여기서 명심해두어야 할 것은 스트레스 반응 자체는 우리가 생명 활동을 하는 과정에서 필요하기 때문에 갖추어져 있는 구조라는 것이다.

이 퀴즈 하나만 봐도 알 수 있듯이 스트레스가 수행 능력에 미치는 영향은 제각각이며 스트레스의 반응 양상도 모두 같지 않다. 스트레스 반응의 차이는 스트레스 호르몬을 수용하는 수용체의 발현 빈도 때문일 수도 있고, 태어난 지 얼마 되지 않았을 때의 주변 환경 때문일 수도 있다. 유전적인 요인이나 환경적인 요인도 고려해야 한다. 스트레스 반응 양상이나 느끼는 방식이 사람마다 다르다는 것은 바로 이 때문이다.

스트레스 반응의 차이는 스트레스 호르몬을 수용하는 수용체의 발현 빈도에 따른 것일 수도 있다. 혹은 영유아기 때의 주변 환경 때문일 수도 있다. 유전적인 요인이나 환경적인 요인도 고려해야 한다. 어쨌든 스트레스 반응 양상이나 느끼는 방식이 사람마다 다르다는 것은 부인할 수 없는 사실이다.

사람마다 스트레스 반응 양상이 다르기 때문에 스트레스를 잘 다루기 위해서도, 인간관계를 향상시키기 위해서도, 우선은 스트레스 반응 양상을 다른 사람과 동일시하지 않는 것이 중요하다.

또한 자신이 언제 스트레스를 받는지 자신의 스트레스 요인에 대해 알아야 한다. 사람마다 스트레스에 대한 반응이 다르기 때문에 자기 스트레스는 자신이 잘 알아야 효과적으로 대응할 수 있다. 어떤 자극

스트레스와 잘 지내기 위한 힌트 1

스트레스의 다양성을 받아들인다

스트레스를 느끼는 방식은 사람마다 달라서 스트레스가 수행 능력을 떨어트리는가 하면 높여주는 경우도 있다. 스트레스는 결코 나쁜 것이 아니다. 인간에게 필요하기 때문에 갖추어진 중요한 시스템이다.

자신의 스트레스 반응을 타인과 동일시하지 않고 차이를 받아들인다

사람마다 스트레스 반응 양상은 천차만별이다. 자신이 스트레스를 받는 방식을 남에게 떠넘기지 않고 서로의 차이를 받아들인다.

자신의 스트레스 패턴을 파악한다

어떤 것에 얼마나 스트레스 반응을 보이고 나중에는 어떻게 되는가. 자신의 스트레스를 잘 알아야 스트레스와 잘 지낼 수 있다. 스트레스의 부정적인 반응을 잘 관리해야 스트레스의 긍정적인 반응을 활용할 수 있게 된다.

뭐가 문제지?

스트레스

미안…

스트레스

스트레스

스트레스

스트레스 반응을 동일시하지 않는다

에 어떻게 반응하고 그로 인해 어떻게 될지는 DNA 차원에서도 다르지만 환경에 따라서도 변한다. **자기 자신의 스트레스 반응을 부감적으로 파악할 수 있어야 자기 몸을 지키고 보다 높은 수행 능력을 발휘하고 타인과의 커뮤니케이션도 원활하게 된다.**

스트레스를 직시하고 받아들이는 일은 쉽지 않다. 하지만 이를 똑바로 직시하고 주의를 기울이지 않으면 성장해나갈 수 없다.

02

스트레스의
원인과 역할

그림 18을 보면 아래에 있는 강아지가 오른쪽 여자아이를 보고 격한 스트레스 반응을 보이고 있다. 반면 위에 있는 강아지는 전혀 스트레스를 보이지 않고 있다.

이 그림을 보고 스트레스의 원인이 어디에 있을지 한번 생각해보자.

여자아이 말처럼 '스트레스의 원인이 이 여자아이'라고 해보자. 이 경우 여자아이가 나타나면 강아지가 스트레스 반응을 보이는 인과 관계가 성립할 것이다. 하지만 그렇다면 위의 강아지도 스트레스 반응을 보여야 한다. 이런 의미에서 보자면 여자아이는 엄밀히 말해 '스트레스의 원인'이라 볼 수 없다.

이 여자아이와 같은 자극을 '스트레스의 간접적인 원인'이라고 한다. 일반적으로 사람들은 스트레스의 원인을 다른 사람들의 행동이나 언어적 폭력처럼 외부에서 찾는 경우가 많다. 그러나 스트레스를 제대로 파악하기 위해서는 '간접적인 원인'과 '직접적인 원인'을 나누어서 생각해야 한다.

그림 18

스트레서, 스트레스 매개자, 스트레스를 구분한다

스트레스의 간접적인 원인이 되는 자극을 '스트레서stressor'라고 부른다.

스트레서는 두 가지로 나뉜다. 하나는 외부 자극이 스트레스의 간접적인 원인이 되는 '외부 자극에서 유래한 스트레서'이다.

또 하나는 '내부 자극에서 유래한 스트레서'이다. 이것은 가령 우리가 싫어하는 일을 하면서 스트레스 반응을 보인 후 이를 되새김질하면서 또다시 스트레스를 받는 경우다. 말하자면 자신이 다시 떠올린 기억이 스트레스의 원인이 되는 것이다.

스트레서가 우리 몸에 작용하면 그에 따른 반응이 몸과 뇌 속에서 일어난다. 이렇게 스트레서에 의해 유발되는 뇌와 몸 안에서 일어나는 변화를 총칭해 '스트레스 매개자stress mediator'라고 하는데 이것이 스트레스의 직접적인 원인이다.

그리고 그 뇌 속, 신체 내의 변화인 스트레스 매개자가 생긴 상태를 인식한 상태가 바로 스트레스이다. 스트레스 반응을 보이는 상태와 그러한 상태를 인식하는 반응은 서로 사용되는 뇌 구조가 다르다.

여기서 모티베이션, 모티베이터, 모티베이션 매개자의 관계를 떠올리면 좋겠다. 모티베이터에 해당하는 부분이 스트레서, 그로 인해 야기되는 모티베이션 매개자에 해당하는 부분이 스트레스 매개자, 이것을 인식한 상태인 모티베이션에 해당하는 것이 바로 스트레스다.

스트레스의 세 가지 중요한 역할

스트레스는 다양한 역할을 한다. 첫 번째 역할은 몸속에 들어온 정보가 어떤 종류인지를 알려주는 것이다. 갑자기 괴한이 칼을 들고 나타나도 스트레스를 전혀 받지 않는다면 큰 위험에 처할 수 있다. 스트레스 반응을 보이며 그가 위험한 존재임을 깨닫지 못하면 생존 확률이 떨어진다. 스트레스 반응은 생존이라는 인간의 필요에 의해 일어나는 것이다. 스트레스는 자신이 받은 자극이 어떤 종류의 자극인지, 그 정보를 제대로 전달하는 역할을 한다.

스트레스의 두 번째 역할은 기억력을 높이는 것이다. 들어온 정보에 스트레스 반응을 보이는 것은 이를 학습해 뇌 속에 기억으로 남기기 위해서다.[15] 왜 기억으로 저장하는 것일까. 예측하기 위해서다. 어떤 자극에 대한 정보가 뇌에 기억으로 저장되면 다음에 비슷한 정보가 들어왔을 때 예측을 통해 반응 속도가 보다 빨라지기 때문이다.

따라서 **스트레스 반응이 일어나면 기억 정착 효율과 소위 학습 효과가 높아진다.** 멍한 상태에서는 머릿속에 잘 들어오지 않던 것이 시험 전날 압박감을 느끼는 상태에서 기억 정착 효율이 더 높아지는 것을 여러분도 경험해봤을 것이다.

세 번째로 스트레스는 '직관력'에 영향을 미친다. 뇌 속에서 '뭔가 이상하다', '큰일 났다'라고 느끼는 것은 감각적, 정동적인 경고이다. 정확히 이유를 설명할 수는 없지만 뇌는 감각적으로 왠지 모르게 이상하다는 위화감을 일으킨다. 뭔가 께름직하다는 느낌을 전달하는 것이다. 하지만 그 감각에 의해 우리는 상황에 어떻게 대처해야 할지 빠르게 직관적으로 판단을 내릴 수 있다.

물론 스트레스 반응은 직관력을 높이는 한 요소일 뿐이다. 하지만 기억 흔적화되어 예측이 가능하면 한 번은 학습한 내용이라 다음에 어떻게 반응해야 될지 반응 속도를 높일 수 있다.

왜 이런 스트레스 기능이 갖추어져 있는 걸까.

태곳적에 인간은 언제 어디서 맹수를 마주할지 모르는 위험한 환경에서 살았다. 그리고 맹수에게 습격당했을 때의 스트레스 반응에 따라 학습과 예측 기능이 몸에 배어 생존 확률을 높여왔다.

뇌의 구조 자체는 옛날이나 지금이나 크게 다르지 않다. 그런 의미에서 스트레스는 생물이 생존 확률을 높이기 위해 발달된 기능이라고 할 수 있다. 이렇게 생각해보면 스트레스가 어떻게 도움이 될지 어렴풋이나마 떠올릴 수 있을 것이다.

스트레스와 잘 지내기 위한 힌트 2

스트레스 반응이 일어나는 이유와 그 역할을 이해한다

스트레스 반응은 우리가 직면한 정보가 어떤 종류인지를 알려준다. 위험 신호를 주는 것일 수도 있고 새로운 정보를 알려주는 것일 수도 있다. 스트레스 반응 덕분에 우리는 처리하는 정보를 학습하고 기억하고 이후 반응 속도를 높여 직관력을 키우면서 생존 확률을 높여왔다.

스트레스를
인식한다

뇌의 세 가지 모드

우리 뇌는 크게 세 가지 '모드'로 작동한다. 이 세 가지 모드를 알아야 스트레스를 잘 이해할 수 있다.

다음 페이지에 있는 그림 19의 왼쪽은 무의식에 가까운 상태에서 작동하는 뇌의 네트워크이다. 이것을 디폴트 모드 네트워크Default mode network라고 한다. 이른바 백일몽 같은 멍한 상태를 일컫는다.

그림 19의 오른쪽에 있는 중앙 집행 네트워크Central executive network는 하향식으로 다양한 지령을 내리는 것이다. 이 네트워크는 우리가 뭔가를 생각하거나 의식적으로 주의를 기울일 때 작동한다.

지금까지 디폴트 모드 네트워크와 중앙 집행 네트워크에 대해서는 다양한 연구가 이루어져왔다. 하지만 최근에야 아주 중요한 또 다른 네트워크가 발견되었다. 바로 그림 가운데에 있는 현출성 네트워크

그림 19

Salience network다.

현출성 네트워크는 디폴트 모드 네트워크와 중앙 집행 네트워크를 활발하게 오고가는 역할을 한다.

현출성 네트워크는 외부에서 들어오는 자극이나 통증 정보를 감지하는 기능을 갖고 있다.

몸속 내부 환경의 변화를 알아차리는 전대상회가 '뭔가 잘못됐다'는 경계 태세 정보를 뇌섬엽으로 보내면 다시 뇌섬엽의 전측AI(anterior insular)이 그 이변의 강도를 주관적으로 판단한다.[16]

어떤 사람에게 몰래 다가가서 갑자기 모습을 드러내며 "와" 하고 소리치면 대부분의 사람은 "화들짝" 놀라는 반응을 보인다. 전대상회가 어떤 이변을 전달하여 무의식적 반응을 이끌어내기 때문이다. 그러고 나서 전측을 통해 놀랐다는 사실과 얼마나 놀랐는지를 알아차린다. 전대상회와 전측은 현출성 네트워크를 구성하는 중요한 뇌 부위이다.

뇌 안에는 자신의 내부에서 일어나는 변화를 알아차리는 부위가 있다. 그 기능을 활용하면 우리가 가진 다양한 능력을 발휘할 수 있다. 자신에게 일어나는 변화를 감지할 수 있느냐 없느냐는 스트레스를 생각하는 데 빼놓을 수 없는 능력이다. 왜냐하면 개개인 고유의 스트레스 반응은 바로 자기 자신의 현출성 네트워크에 의해 감지되고 의식될 때 비로소 어떻게 대처하고 다룰 것인가 하는 대화의 장으로 들어설 수 있기 때문이다.

스트레스 반응을 일으키는 상태를 알아차린다

우리는 '스트레스를 느끼고 있는 상태'를 알아차릴 때 비로소 스트레스로 인식할 수 있다. 알아차리고 이름을 부여하기 때문에 우리는 '스트레스를 느끼고 있다'고 말할 수 있다. 따라서 스트레스 반응을 보이는 상태와 그 상태를 인지한다는 것은 서로 사용하는 뇌가 다르고 그에 대한 반응도 다르다고 볼 수 있다.

스트레스를 알아차리는 것이 왜 중요할까.

예를 들면 **자기에게는 스트레스가 없다고 계속해서 말하는 사람이 오히려 우울증에 더 잘 걸리는 경향이 있다.** 스트레스 매개자가 몸속에 만들어져 실제로 스트레스 반응을 보이는데도 이를 인지하지 못하기 때문이다. 스트레스를 인식하지 못한 상태에서는 스트레스를 받아도 어떻게 대처해야 할지 잘 모른다.

반면 스트레스를 알아차릴 수 있다면 기분전환을 위해 행동을 취하거나 누군가에게 상담을 받으면서 스트레스가 해소될 가능성도 생긴다. 스트레스 매개자는 내부 환경의 변화를 알아차리기 위한 힌트다. 힌트로 삼으려면 현출성 네트워크에서 이를 감지하고 일깨워줄 필요가 있다.

한편 '스트레스가 있다'는 것을 인지한 상태, 즉 스트레스 매개자를 알아차린 상태가 우리가 스트레스라고 이름 붙인 상태라고 할 수 있다. 원래 대부분의 사람에게서 스트레스 반응이 존재하지 않는 상황은 생각하기 어렵다. 몸속에는 스트레스에 관여하는 복잡한 회로가 갖추어져 있기 때문에, 어디선가 분명 스트레스 반응은 일어나고 있다.

내부 환경의 변화를 알아차리려면 우선 현출성 네트워크를 사용해 자기 몸속에서 들려오는 소리에 확실히 귀를 기울여야 한다. 마음챙김mindfulness이 다시 주목받고 있는 이유 중 하나는 세상에 너무나 많은 정보가 흘러넘치면서 주의가 외부세계에만 쏠리기 쉽기 때문일 것이다.

스트레스 반응을 일으켰다 하더라도 우리 몸에는 어느 정도 원래 상태로 되돌아가려는 기능이 갖추어져 있다. 이것을 항상성이라고 한다.

이런 기능을 알면 스트레스 상황이 닥쳤을 때 뇌가 자율적으로 처리하는 항상성의 원리에 따라 스트레스 관리법을 의식적으로 활용할 수 있다.

스트레스와 잘 지내기 위한 힌트 3

스트레스 반응에 귀를 기울인다

스트레스 반응을 일으키고 있는 상태와 그 반응을 알아차리는 것은 서로 쓰이는 뇌 부위가 다르다. 스트레스와 잘 지내려면 스트레스 반응이 내는 목소리에 귀를 기울이는 게 첫걸음이다.

04

성공에 앞서
스트레스를 패턴 학습한다

우리 뇌에는 전극측 전전두피질rl PFC이라는 뇌 부위가 있다. 현상을 분류하고 범주화하는 이 부위는 또한 자신의 스트레스 상태를 위에서 내려다보듯이 부감적으로 인식하는 기능도 가지고 있다.[7] 지금까지 경험한 다양한 과거의 에피소드와 그에 따른 감정을 부감적으로 파악한 후 이를 패턴화하는 것이다. 자신의 상황을 객관적으로 바라보는 이러한 메타인지를 통해 우리는 스트레스 반응을 학습에 도움이 되는 방식으로 전환할 수 있다.

성공 체험과 그 과정 중에 있었던 실패를 동시에 학습한다

스트레스 경험을 정리한다는 것은 결코 즐거운 일이 아니다. 하고 싶지 않은 게 당연하다. 이를 극복하기 위한 요긴한 방법이 있다. 그것은 **성공 체험 과정 중에 겪은 실패나 스트레스 경험을 패턴 학습하는 것이다.**

그림 20 성공 체험 과정에 있는 스트레스를 학습한다

우리는 아무런 실패 없이 순조롭게 성공에 이를 수도 있지만, 대체로 성공하기에 앞서 여러 단계에서 실패를 맛본다. 성공 과정에서 일어난 실패를 되돌아보는 일은 순전한 실패 체험을 돌아보는 것보다 배울 점이 많다.

우리가 최종적으로 성공을 이루어냈을 때 마음속에는 긍정적인 감정이 싹튼다. 성공 체험은 성공한 순간의 에피소드와 이에 따른 정동 반응이 하나로 묶여 뇌 속에서 학습된다. 최종적으로 기쁨을 맛본 순간에는 정동이 꽤 강해져 에피소드 기억을 관장하는 해마와 그에 따른 감정 기억을 관장하는 편도체가 공동으로 학습하기 때문에 기억이 매우 단단해진다. 따라서 성공 체험을 되돌아보면 만족감이나 성취감 등의 기억을 되새기는 경우가 많다.

다만 궁극적으로 성공에 이르는 과정 중에는 몇 가지 성공과 실패의 기복이 있었을 게 분명하다. 실패로 침울해지고 부정적인 감정이 생기면서 스트레스 반응이 일어나는 일도 흔히 있다. **성공해서 긍정적인 감정이 생겼을 때 실패한 경험이나 스트레스를 결부시켜 '동시에' 학습하는 이유는 바로 여기에 있다.**

이것이 바로 메타인지다. 뇌의 학습에 이보다 더 좋은 기회는 없다.

결과가 쉽게 보이고 감정을 움직이기 쉬우며 쉽게 기억으로 저장되는 성공 체험, 그 과정에서 맛보았던 괴로운 스트레스를 연관지어 기억으로 저장하는 것이다. 이미 수차례 언급했듯이 '함께 발화하는 뉴런은 서로 결합한다.'

회복탄력성을 키운다

일이 잘 풀리지 않거나 스트레스를 받으면 누구나 잠시나마 과거를 되돌아보며 반성을 하게 마련이다. 물론 반성도 중요하다. 하지만 실패를 거듭한 끝에 성공을 이루었을 때야말로 과정 중에 느꼈던 스트레스와 쓰라린 체험을 반추해보기에 좋은 기회다.

'아, 처음에는 계약을 따내지 못해서 진짜 괴로운 심정이었는데 이를 극복하고 나니까 이렇게 행복한 기분이 드는구나.'

이와 같이 긍정적인 감정이 싹틀 때 동시에 과정에서 맛보았던 부정적인 경험을 상기하면서 비로소 뇌가 '괴로운 경험 뒤에는 큰 기쁨이 있다'는 사실을 학습하게 된다.

그렇게 학습하고 나면 다음번에 벽에 부딪쳤을 때 받을 수 있는 스트레스에 훨씬 수월하게 대응할 수 있다. 또한 이런 학습은 앞을 향해 나아가기 위한 모티베이션이 되어주기도 한다. 이와 같은 학습이 이루어진 뇌의 상태에 대해 우리는 회복탄력성resilience이 있다고 말한다. 갖가지 힘든 일에 대한 기억이 성공 체험 기억과 결합되어 있는 뇌를 가진 사람은 이후 어려운 상황에 처하더라도 이를 극복하고 앞으로 나아가기 쉽다.

살다 보면 으레 실패도 하고 성공도 하기 마련이다. 하지만 그 실패와 성공 체험들을 별개의 것들로 체험하면 아무리 시간이 지나도 뇌의 회복탄력성은 길러지지 않는다. 뇌의 구조를 이해하고 나면 회복탄력성이 어떻게 후천적으로 길러지는지 한층 더 깊이 이해하게 될 것이다.

'회복탄력성이 높은 인물'로 유명한 경영자나 운동선수 등을 떠올리기 쉽다. 물론 이들은 다양한 상황에서 자기와의 싸움을 거듭하며 회복탄력성을 길러왔을 것이다. 유명세를 얻으면 성공 스토리에 대한 인터뷰를 하는 경우를 볼 수 있다. 이는 더욱더 회복탄력성을 높이는 방향으로 기여한다. 성공 스토리 인터뷰에서는 많은 경우 힘들었던 경험에 대해서도 질문을 받고 이야기한다. 이런 경험들이 쌓이다 보면 결합이 더욱 견고해지면서 부정적인 상황에도 강하게 맞설 수 있는 뇌가 길러진다.

일을 처음부터 성공시키는 능력 같은 건 존재하지 않는다. 하지만 '처음부터 일이 잘되는 사람은 없다'는 사실을 안다 해도 실패로 인해 생기는 스트레스 반응만 계속 패턴 학습하기는 고통스러운 일이 아닐 수 없다. 그렇기 때문에 **과정 속에서 생긴 실패와 스트레스 상황을 최종적인 성공 스토리와 관련 지어 패턴 학습하면 뇌는 그 속에서 생기는 실패나 스트레스에도 의미가 있다고 인식할 수 있다.**

마이크로소프트 창업자인 빌 게이츠는 이렇게 말했다. "성공을 자축하는 것도 좋지만, 더욱 중요한 것은 실패로부터 뭔가를 배우는 것이다."

성공에 들뜨지만 말고 그동안 겪었던 실패나 스트레스 등의 부정적인 면을 살펴보자. 단순히 부정적인 기억에 머무르는 것이 아니라 긍정적인 기억과 연결시켜 성장으로 승화시킨다. 그런 뇌의 학습이 우리를 강하게 만든다.

긍정적인 요소를 찾는다

인간에게는 긍정적인 정보보다 부정적인 정보에 눈을 돌리기 쉬운 특성이 있다.

일이든 공부든 운동이든, 해야 할 일이 10개 있을 때 9개까지 할 수 있더라도 나머지 한 개를 할 수 없으면 하지 못한 그 한 가지 일에만 눈길이 간다. 시험에서 100점 만점에 80점을 맞아도 마저 채우지 못한 20점이 신경 쓰인다. 주위의 부모나 상사, 선생님도 할 수 있었던 80점보다 부족한 20점만 지적한다.

왜 이런 일이 일어날까?

인간의 뇌는 오류를 가려내기 위한 기능은 발달해 있지만 잘한 것을 무의식적으로 찾아내는 기능은 갖추어져 있지 않기 때문이다. 잘해낸 부분을 의식적으로 찾아내지 않는 한 그에 대한 정보 처리는 이루어지지 않는다.

못한 것을 지적하는 사람은 많아도 좋은 점을 보려는 사람이 드문 것은 바로 이 때문일 것이다. 사람들은 기본적으로 흠 잡는 데 능하다. 그럼에도 잘한 부분에 주의를 기울일 수 있다는 것은 그만큼 고등한 뇌를 사용하고 있다는 증거다.

뇌는 의식하지 않아도 '부족한 부분'을 잘 찾아낸다. 하지만 충족된 부분에서 얻는 배움도 크기 때문에 의식적으로 잘한 부분에 주의를 기울이려는 노력이 필요하다.

스트레스와 잘 지내기 위한 힌트 4

스트레스를 메타인지한다

메타인지의 본질은 패턴 학습이다. 과거의 체험을 패턴화하면서 규칙을 찾는 것이다. 일단 메타인지의 눈으로 자신의 스트레스 반응을 살펴본다. 이때 자신의 성공 체험에 착안하여 과정 속에서 맛본 실패나 스트레스를 관련지어 학습한다(함께 발화하는 뉴런은 서로 결합한다). 그런 반복이 실패나 스트레스에 대한 인식이나 인지를 가치 있는 것으로 만들며 이른바 회복탄력성을 높여준다. 더불어 성공 체험에 이르는 과정에서 얻은 긍정적인 에피소드를 되새기고 음미하며 그 체험을 깊이 기억으로 저장시킴으로써 결과뿐만 아니라 과정에도 동기화되는 뇌가 형성된다.

성공 체험을 단지 성공한 시점의 만족감으로 끝내는 것은 아까운 일이다. '성공 체험의 기반이 된 스트레스나 실패'를 가치 있는 것으로 뇌에 학습시키는 과정을 반복해나가는 것이 회복탄력성을 기르고 도전 정신을 키운다.

물론 '성공 체험 과정에 숨어 있는 긍정적인 체험'에 눈을 돌리는 것도 중요하다. 그런 반복이 결과만이 아니라 과정에도 의미와 가치를 찾는 모티베이션으로 이어진다. 결과에 초점을 둔 모티베이션으로는 결과를 예측할 수 없는 일에 좀처럼 도전하기 어렵다. 결과에 초점을 둔 모티베이션도 잘만 활용하면 과정에 의한 쾌 감정도 뇌에 기억으로 학습시킴으로써 결과뿐만 아니라 과정에도 초점을 맞춘 뇌를 가질 수 있다.

결과만이 아니라 과정에서도 배운다. 그리고 부족한 부분만이 아니라, 충족된 부분에서도 배운다. 이러한 학습 과정이 스트레스를 힘으로 바꾸면서 새로운 도전을 가능하게 하는 모티베이션으로 연결된다.

05

스트레스를 받을 때
뇌 속 반응

스트레스 상황이 발생하면 뇌 속에서는 다음 페이지의 그림 21과 같은 반응이 생긴다.

우선 스트레스가 일어나는 기점이다. 인간의 뇌는 기본적으로 앞으로 다가올 일에 대해 늘 예측하고 기대한다. 이런 상황에서 '타인의 평가'와 같은 외부 자극이나 '내면의 목소리'와 같은 내부 자극이 뇌에 들어오면 애초 자신이 예측한 것과 어긋나면서 예측 차분이 생겨난다. 그 차분이 부정적으로 어긋나거나 위화감을 담당하는 전대상회가 반응하면 하위에서 여러 뇌 부위가 술렁이기 시작한다.

스트레스에 반응하는 뇌 부위

일단 공포나 불안이라는 정동 반응을 관장하는 뇌 부위인 편도체가 반응한다. 예측과 현실 사이에 괴리가 생기면 스트레스 반응이 일어나

그림 21 스트레스 메커니즘

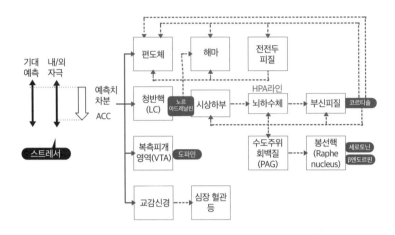

기 시작한다. 게다가 청반핵LC이 반응하면 노르아드레날린이 만들어
지고 하위 시스템에 다양한 자극을 미친다.

두 번째로 복측피개영역에서 도파민이 방출된다. 신경세포간의 접
합 부위인 시냅스를 강하게 결합시키는 도파민은 기본적으로 이러한
괴리에 반응해 방출된다. 뇌는 자신이 생각했던 정보와는 다른 결과를
학습하려고 한다. 따라서 도파민을 방출시킴으로써 기억 정착을 촉진
한다.

또한 생각했던 것과 다른 상황에 대처하기 위해 투쟁-도주의 자율
신경인 교감신경이 작동해 심장이 빠르게 뛰기 시작한다.

그중에서도 스트레스에 반응하는 메커니즘으로 가장 유명한 것은
청반핵에서 시작되는 'HPA 라인'이다. 시상하부Hypothalamus, 뇌하수체

Pituitary gland, 부신피질Adrenal cortex의 두문자를 취해 HPA라고 부른다.

이 HPA 라인에서는 뇌에서 부신피질로 다양한 정보가 전달되고 최종적으로 부신피질에서 스트레스 호르몬인 코르티솔이 만들어져 방출된다. 코르티솔은 시상하부나 뇌하수체, 부신에도 피드백되어 '이제 방출하지 않아도 된다'고 지령을 내린다. 혈관을 타고 뇌로 돌아와 사고나 주의력을 담당하는 전전두피질에도 피드백되며 에피소드 기억을 담당하는 해마나 감정 기억을 관장하는 편도체로 돌아온다.

게다가 코르티솔은 뇌하수체에서 수도주위회백질PAG에 피드백되어 그곳에서 봉선핵Raphe nucleus을 거치면서 세로토닌이 방출된다. 세로토닌은 스트레스 반응을 받으면 그것을 자율적으로 억제하기 위해 방출되는 신경전달물질이다. 동시에 β엔도르핀도 방출된다. 쾌락 물질로 알려져 있는 β엔도르핀은 통증에도 반응한다.

세로토닌이나 β엔도르핀은 스트레스 반응에 대한 우리 몸의 항상성을 유지하기 위해 방출된다. 스트레스 반응이 생기면 교란된 몸속 평형상태를 원래대로 되돌리려는 자율적인 반응이 생긴다. 여기에 스트레스와 잘 지내기 위한 힌트가 숨어 있다.

적절한 스트레스

스트레스 반응에 따라 방출되는 코르티솔, 노르아드레날린, 도파민과 같은 신경전달물질은 전전두피질 및 해마과 편도체로 피드백된다. 그러면서 주의력과 집중력이 높아진다.

적절한 스트레스는 집중력, 논리적 사고력, 기억력을 높인다

이 장의 첫머리에서 퀴즈를 냈을 때 나는 3초라는 시간적 제약을 걸어 정신적으로 중압감을 준 바 있다. 그로 인해 집중력이 높아지는 사람이 있었던 것처럼, 시간에 쫓기면 이전과는 전혀 다른 사람이 되어 높은 집중력을 보여주는 사람들이 있다. 이처럼 스트레스 상황은 우리의 주의력과 집중력을 높여주는 효과가 있다.[18]

또한 아이디어를 자유롭게 내는 확산적 사고가 아닌, 수렴적이고 논리적인 사고는 일정한 스트레스가 있을 때 고양된다.

기억 정착 효율도 높아진다. 어느 정도 스트레스를 느끼는 상태가

학습과 일의 생산성에 영향을 미치고, 기억력, 사고력, 집중력을 높인다.[19]

적절한 스트레스가 일으키는 긍정적인 효과를 인지하고 있으면 **스트레스 상황이 닥쳤을 때 '스트레스는 느끼고 있지만, 별로 나쁜 상태는 아니야'라고 생각할 수 있게 된다.**

지금까지 적절한 스트레스라는 단어를 사용했지만 뇌의 관점에서 보자면 '스트레서를 적절히 조정한다'는 의미에 가깝다. '지금 자신이 하고 싶거나 하려는 일'로부터 받는 스트레스는 적절하고 좋은 스트레스라고 말할 수 있다. **그런 일로부터 받는 스트레스 반응은 오히려 우리의 주의력이나 기억 정착 효율을 높이기 때문이다.**

스트레서를 정리하고 눈앞의 일에 주의를 기울인다

카페에서 일을 하고 있다고 생각해보자. 그때 우리는 주위의 소음이나 연결이 어려운 와이파이 등 외부 요인을 스트레서로 받아들일 수 있다. 아니면 까다로운 상사나 클라이언트의 얼굴을 떠올리는 등 내부에서 스트레서가 생길 수 있다. 전날 밤에 아내와 싸웠던 일을 떠올리며 스트레스를 받고 있을지도 모른다. 우리는 별일도 없는 순간에 다양한 스트레서를 갖고 있을 가능성이 있다.

이런 스트레서들에서 자유로워지기 위해서는 무엇보다 지금 이 순간의 자신에게 주의를 기울이고, 자신이 하고 싶은 일과 앞으로 하려는 일이 있에 의식적으로 집중하는 것이 좋다. 동시에 무의식중에 스트레서로 작용하는 것은 무엇인지 하나하나씩 살피면서 잡음을 줄이기 위한 정리 작업도 필요하다.

일을 하는 중에 주변이 지나치게 신경이 쓰이는 까닭은 노르아드레날린으로 다양한 정보들에 뇌가 활성화되어 있기 때문이다. 확실히 뇌의 정보 처리 기능을 높여주고는 있지만 불필요한 잡음에도 주의를 빼앗겨 산만해지기 쉽다. 그러한 잡음을 줄여주는 것이 바로 도파민이다.

적절한 스트레스의 장점

자신이 하고 싶은 일이나 하려는 일에서 받는 스트레스는 오히려 우리의 수행 능력을 높일 수 있다. 적절한 스트레스는 기억 정착 효율, 주의력, 수렴적 사고력을 높이기 때문이다. 스트레스가 느껴지더라도 지나치지만 않다면 이를 행운으로 받아들여보자.

피하는 게 상책인 스트레스

원치 않는 스트레스는 피한다

한편 피하는 게 상책인 스트레스가 있다.

첫째는 '하고 싶은 일이나 앞으로 하려는 일이 아닌 일들로부터 받는 스트레스'다. **우리는 문득 무의식적으로 불쾌한 일들을 떠올리거나 흠을 잡으며 의도치 않게 원치 않는 스트레스를 불러들일 때가 많다.**

과제를 해결할 목적으로 미흡한 점에 의식적으로 주의를 기울이는 것은 바람직하지만 그 외의 의도한 자극이 아닌 데서 비롯한 스트레스 반응은 피하는 게 상책이다.

뇌는 카페의 와이파이 상황이나 상사에 대한 두려움을 학습시키기 위해 스트레스 반응을 일으킨다. '이 카페는 와이파이가 느려', '내 직장상사는 까다로워'라고 학습함으로써 회피 확률을 높이는 것이다. 이런 스트레스의 메커니즘을 알고 나면 원치 않은 스트레스 요인에 휘둘리지 않고 자신의 스트레서를 스스로 선택할 수 있다. 우리가 주의를 기울이는 대상에는 한계가 있기 때문에 일부러 원치 않는 정보를 취해 스트레스 반응을 불러일으킬 필요는 없다.

지나친 스트레스는 머리를 백지상태로 만든다

두 번째는 지나친 스트레스다. 우리 뇌에는 지나친 스트레스 반응을 모니터링하는 구조가 갖추어져 있다.

그림 22에서 알 수 있듯이, 스트레스가 지나치게 되면 뇌는 왼편의 심리적 안전 상태에서 오른편의 심리적 위험 상태로 전환된다. 전전두피질의 사고 기능을 정지시키고, '지금 생각하고 있을 때가 아니야. 일단 도망치자', '싸우자'라는 뇌 모드로 바뀌는 것이다. 하지만 이러한 반응 기제는 생명을 위협하는 존재가 도처에 있던 원시 시대에 만들어진 것으로, 현대에는 이런 회피 반응이 적합하지 않을 때가 많다.

현실을 음미하고 오류를 확인하는 기능을 담당하는 배내측 전전두피질dm PFC이 제대로 기능하지 못하면 현실적이지 않은 선택을 하기 쉽고, '잘못된 것이 없는지 확인하는 작업'에서 오류를 놓치기 쉽다. 냉정한 상태에서는 현실적인 선택과 오류 판정이 가능한 사람도 스트레스를 과도하게 받으면 그런 일들을 전혀 하지 못하게 되는 것이다.

스트레스가 지나치면 현실적인 판단을 내리고 실수를 감지하는 모니터링 기능이 정지해버린다. 설마 내가 보이스피싱을 당할까 생각하

그림 22 스트레스와 심리적 안전 상태

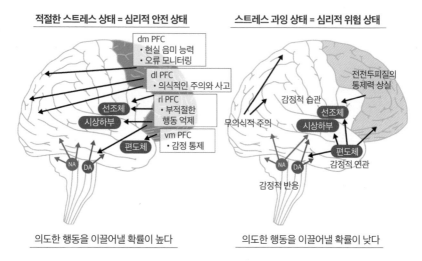

Arnsten A. F. (2009). Stress Signalling Pathways that Impair Prefrontal Cortex Structure and Function. *Nature Reviews Neuoscience*, 10, 410-22을 토대로 작성. 단, 하단의 밑줄 그은 부분은 저자가 추가.

던 사람들도 ATM으로 송금을 하는 실수를 저지르곤 한다. 당신 아들이 사고를 당했다는 소식을 듣게 되면 이성적인 사고가 순식간에 마비되기 때문이다.

배외측 전전두피질dl PFC은 의식적으로 주의를 기울이고 사고하는 기능을 한다. 우리가 보고 싶은 것에 주의를 기울일 수 있는 것은 배외측 전전두피질이 그렇게 하라고 지령하고 있기 때문이다. 생각하고 싶은 것을 생각할 수 있는 것은 뇌의 이 부위가 기능하고 있다는 증거다. 하지만 스트레스가 지나친 상태에서는 이 부위가 작동하지 않으면서 사고가 정지된다.

극도의 긴장으로 스트레스 반응이 높아지면 머릿속이 하얘지며 초점이 흔들린다. 불처럼 화를 쏟아내는 상사 앞에서 부하직원은 배외측 전전두피질이 마비되어 사고가 정지되기 때문에 말 그대로 얼어붙게 된다. 이때 부하 직원은 자신의 생각이나 의견을 도저히 말할 수 없게 될 뿐만 아니라 뇌가 사고하지 못하기 때문에 상사로부터 받는 지시나 피드백을 좀처럼 이해하지 못하게 된다. 그렇게 되면 똑같은 실수를 반복하는 악순환에 빠지게 된다.

이때 부하 직원의 뇌는 '이 상사는 위험하다'는 기억을 머릿속 깊이 새긴다. 부하 직원에게 자신이 그렇게 기억되기를 바라는 상사는 아무도 없을 것이다. 게다가 화를 내는 데는 엄청난 에너지가 소비된다. 부하 직원에게 무언가 자신의 의사나 지시 사항을 전달하고자 하는 상사는 일단 심리적으로 편안한 분위기를 만들어줘야 한다.

앞서도 말했듯이, 전극측 전전두피질d PFC은 패턴 학습을 담당하고 있다. 이 패턴 학습에는 '이런 것을 해서는 안 된다'는 부적절한 행동에 대한 통제도 포함되는데, 뇌의 이 부위가 작동하지 않으면 무심코 부적절한 행동을 해버리게 된다.

'내가 왜 그렇게 말했을까', '내가 왜 그렇게 행동했을까' 하고 후회해본 경험은 누구에게나 있을 것이다. 그때 혹시 너무 심한 스트레스를 받고 있지는 않았는지 한번 잘 생각해보길 바란다. 과도한 스트레스에 노출되면 전극측 전전두피질이 마비되어 자신이 생각한 대로 행동할 수 없게 된다.

한편 감정을 통제하는 복내측 전전두피질vm PFC이 제 기능을 못하면 감정이 폭발할 수 있다. 지나친 스트레스를 떠안고 있으면 감정적으로 되기 쉽다. 감정적이라고 하면 분노에 찬 모습을 떠올리기 쉽지만 분노만 해당되는 것은 아니다. 감정의 폭발은 감동의 원리이기도 하다. 수많은 감동 스토리는 감동에 이르기까지 번민의 과정을 거친다. 독자나 감상자로 하여금 스트레스를 받게 한 상태에서 긍정적인 감정으로 전개함으로써 더 많은 감정을 표출시키는 방향으로 이끄는 것이다.

감정의 발현이나 스트레스 반응 자체가 나쁜 것은 아니지만 자신이 침착하고 냉정할 때 같으면 하지 않을 행동을 이끌어내기 때문에 우리를 괴롭히는 것이다. 스트레스가 심할 때 뇌가 어떤 상태가 되는지를 알아두면 이런 실수들을 어느 정도 피해갈 수 있다. 자신의 스트레스가 심하다는 것을 인식하고 심리적 안전을 되찾기 위한 방법을 익혀두면 좋다.

그렇다면 어떤 수준이 되면 스트레스 과잉 상태라 말할 수 있을까? 뇌는 어떤 것에 스트레스 반응을 보일까? 스트레스 매개자가 어떻게 반응하고 느낄까? 그것을 어떻게 처리하고 반응할까?

그것은 사람마다 다르다. 그렇기 때문에 '자신이 어떤 상황에서 어떤 스트레스를 받으면 과도한 스트레스 반응이 나오는지' 알아둘 필요가 있다. 이것이야말로 메타인지를 통해 자기 성장으로 가는 하나의 길이 되어줄 것이다.

스트레스와 잘 지내기 위한 힌트 6

과도한 스트레스를 피한다

과도한 스트레스에 노출되면 편도체가 과잉 활성화되어 눈앞의 위험을 학습하는 데 자원을 최대한 집중시킨다. 이러한 상태는 우리가 의도한 과제를 해결하는 데 오히려 방해가 된다. 과도한 스트레스는 전전두피질의 여러 기능을 저하시키고, 자신이 의도한 것과 다른 행동을 초래하면서 자신의 실수조차 깨닫지 못하게 한다.

08

만성적인
스트레스를 피한다

만성적인 스트레스는 우리 뇌에 몹시 해롭다. 코르티솔이 계속 분비되는 상태에 놓이면 해마에 영향을 주면서 세포를 위축시키기 때문이다.[20]

스트레스를 되새기면 만성이 된다

직장 상사에게 꾸지람을 들었을 때 스트레스를 받는 것은 자연스러운 반응이다. 문제는 그것을 털어내지 못하고 곱씹는 것이다. **스트레스 상황을 곱씹는 것은 직장상사나 학교 선생님처럼 자신을 혼낸 사람에게 원인이 있는 것이 아니라 이를 되새기고 있는 자기 자신에게 원인이 있다. 내적으로 자신을 자극하면서 스트레스를 스스로 만들어내고 있기 때문이다.**

더 안 좋은 일은 혼나고 스트레스를 떠안은 채 기분 나쁜 얼굴로 집에 돌아와 아내에게 '얼굴이 왜 그래'라는 말을 듣는 것이다. 그러면 그것이 또다시 새로운 스트레스가 되고 만다. 그 상태로 침대에 들어가면 또 생각이 떠올라 잠을 이룰 수 없게 되고, 그것이 또 새로운 스트레스로 돌아온다. 되새김으로써 스트레스가 반복되는 것이 만성적인 스트레스의 한 계기가 된다. 이렇게 되면 뇌 속에 항상 일정량 이상의 코르티솔이 정체되어 건강을 심각하게 해칠 수 있다.

만성적인 스트레스 상태에 빠지지 않으려면 어떻게 해야 할까? 일단 앞서 이야기한 현출성 네트워크를 가동시켜 자기 내부에서 '뭔가 잘못됐다'고 알려주는 몸의 반응에 귀를 기울이는 일이 선행되어야 한다.

심리적 안전을 조성하는 기술을 갖는다

불필요한 스트레스를 피하는 것 못지않게 자기 스스로 심리적 안전 상태를 도모하는 것도 중요하다.

스트레스를 알아차리는 것도 자신이지만, 스트레스를 관리하는 것도 자신이다. 스트레스를 관리하기 위해서는 스스로 심리적 안전 상태를 조성할 줄 알아야 한다. **스트레스를 안고 있을 때 이를 해소할 방법을 마련해두는 것이다.**

어떻게 하면 마음이 안정되고 편안해지는가? 그런 대상이나 환경을 진지하게 찾고, 그 소중함을 새로이 인식하고, 그 대상을 자신의 기억 속에 깊이 간직하길 바란다. 그것이 강한 기억으로 남으면 심리적으로 불안한 상태에 있더라도 바로 심리적 안전 상태로 돌아가 사고나 행동을 올바른 방향으로 이끌 수 있다. 마음을 가라앉힐 수 있는 자신만의 장소에 가거나 기분이 풀어지는 음식을 먹거나 얘기를 잘 들어주는 친구와 만나는 것이다.

스트레스가 과도하고 만성화된 시점에서 황급히 대책을 세우려 하지 말고 평소에 무엇이 심리적 안정을 가져다주는지 생각해두는 게 좋다. 스트레스가 지나치거나 만성화된 상태에서는 뇌가 자신을 치유할 대상을 새롭게 찾는 데 주의를 기울일 여유가 없다. 뇌가 위기나 부정적인 것에만 사로잡혀 있기 때문이다.

평소 의식적으로 자신의 심리적 안정을 가져오는 대상을 인식하고 소중히 여겨 뇌 속에 깊이 기억으로 간직해보자. 그런 준비가 되어 있으면 막상 스트레스가 심하게 쌓였을 때도 자신이 피하고 싶은 스트레스에 잘 대처하게 되어 심리적 안전 상태를 쉽게 조성할 수 있다.

스트레스와 잘 지내기 위한 힌트 7

만성적인 스트레스를 피한다

불쾌한 일이 생기면 스트레스 반응이 일어난다. 그뿐이라면 그리 문제될 게 없지만 이를 자주 떠올리면서 스트레스를 느끼거나 항상 스트레스를 느끼는 사람과 가까이 지내는 환경은 뇌에 좋지 않다. 만성적인 스트레스 상태는 뇌의 신경세포를 위축시키고 우울증 등을 유발할 수 있다. 스트레스가 만성화되지 않도록 휴식을 취하며 안정된 시간을 갖는다.

09

스트레스를 잘 관리하기 위한 15가지 힌트

지금까지는 스트레스 반응의 구조와 그로부터 생각할 수 있는 스트레스의 효능, 그리고 피해야 할 스트레스에 관해 이야기했다. 여기서부터는 그러한 스트레스의 구조를 염두에 두고 스트레스를 잘 관리하기 위한 마음가짐이나 일상에서 할 수 있는 것들에는 어떠한 것들이 있는지 살펴보려고 한다. 자신에게 맞는 것을 찾아 꼭 일상에서 활용해보기 바란다.

1. '뭔가 잘못됐다'는 뇌의 경고에 주의를 기울인다

스트레스 매개자, 즉 몸의 내부 반응을 알아차리는 것의 중요성은 아무리 강조해도 지나치지 않다. 이때 몸이 스트레스 반응을 보이는 상태와 이를 인식하는 것은 서로 다른 것이라는 점을 꼭 이해하고 넘어가자.

평소와 다른 상태가 되었을 때 뇌는 '몸속 어딘가 이상하다'는 알림을 내보낸다. 그 알림은 인간의 생존을 위해 작동하는 기능이다. 스트레스 매개자가 내는 소리를 알아차리려면 우선 현출성 네트워크를 활용해 몸의 내부 반응과 소통할 수 있어야 한다.

스트레스만이 아니라 평소 긍정적인 일이나 소소한 기쁨 등에 의식적으로 주의를 기울여 자신의 내면에서 일어나는 작은 감정 하나하나에 주의를 기울이는 습관을 기르는 것이 좋다.

'아침 햇살이 참 좋구나' '오늘은 점원이 기분이 좋아 보여서 나도 기분이 좋아' '지금은 꽃잎이 흩날리고 있지만 내년에 다시 꽃을 피우겠지' 같은 일상의 소소하면서도 즐거운 경험들과 감정에 주의를 기울이다 보면 작은 스트레스 반응도 쉽게 알아챌 수 있다. 그럼으로써 스트레스가 지나치거나 만성화되기 전에 대처할 수 있게 된다.

'뭔가 잘못됐다'고 알려주는 스트레스 매개자를 몸에서 일어나고 있는 이변을 알려주는 '러브레터'로 생각해보는 것은 어떨까. 러브레터를 받기 위해서라도 평소에 자신의 내면에 의식을 기울이며 편안함의 표면적을 넓히는 것부터 시작하면 좋을 것이다.

2. 스트레서를 정리하고 자기 마음을 돌린다

스트레스를 잘 관리하기 위해서는 자기가 무엇 때문에 스트레스를 받고 있는지

스트레스를 잘 관리하기 위한 힌트 1

'뭔가 잘못됐다'는 뇌에서 보낸 알림을 알아차린다

뇌는 평소와 다른 상태가 됐을 때 '몸속 어딘가가 이상하다'는 알림을 내보낸다. 스트레스 매개자를 몸에서 일어나고 있는 이변을 알려주는 '러브레터'로 여기며 평소 자신의 내면에 의식을 돌려 기분 좋다고 느끼는 것들의 '표면적'을 넓혀보자.

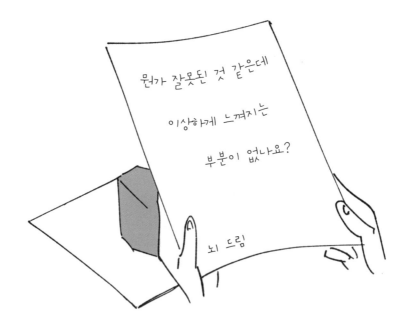

먼저 스트레서를 정리해야 한다. 앞서 얘기했듯이 스트레스는 수행 능력을 떨어뜨리기도 하고 높여주기도 한다. 스트레스의 간접적인 원인이 되는 스트레서를 정리하고 나면 자신이 원하는 스트레서를 취사선택할 수 있다.

스트레스 반응은 기본적으로 우리의 집중력이나 학습 효율을 높여주기 때문에 자신이 원하는 일을 하며 받는 스트레스 매개자의 반응은 오히려 환영할 만하다. 목표를 설정하거나 목적을 갖는 것은 소위 자신이 원하는 스트레서를 명확히 아는 일이기도 하다. 자신이 원하는 스트레서가 뇌 속에 강하게 자리 잡을수록 쓸데없는 다른 스트레서에 주의를 뺏기지 않게 된다.

우리 뇌에는 다양한 정보가 난무하지만 실제로 처리할 수 있는 정보는 지극히 적다. 약 1000분의 1에 불과할 정도다. 제약이 있는 가운데 뇌가 원치 않는 정보를 무의식중에 처리하는 것은 태곳적에는 중요한 의미가 있었다. 무의식중에서나마 언제 닥칠지 알 수 없는 위험에 대처할 필요가 있었기 때문이다. 하지만 현대로 오면서 원치 않는 온갖 정보를 처리하다 보면 자신이 원하는 스트레서에 집중하기가 어려울 수 있다. 자신이 원하는 방향으로 스트레서를 취사 선택하기 위해서는 자신이 원하는 스트레서와 무의식중에 일어나는 원치 않는 스트레서를 구분해 정리해야 한다.

예로부터 자기가 고민하고 있는 일을 종이에 적으면 좋다고 했다. 맞는 말이다. 애매하고 무의식적으로 쏟아지던 스트레서가 인식되면

의식적으로 주의를 환기시키고 원하는 스트레서를 선택할 확률을 높인다.

뇌에서 가장 큰 스트레스는 인식되지 않는 모호한 상태가 지속되는 것이다. 스트레서가 특정되고 나면 별 문제가 아닌 것으로 드러나는 경우도 많고, 과제가 특정되고 나면 해결을 위한 행동을 취하거나 누군가에게 도움을 요청할 수도 있다. 그렇게 되면 주의의 화살을 중앙 집행 네트워크로 스스로 조정할 수 있게 된다.

그런데도 집중하기 힘들다면 눈앞의 일이나 공부에 생각이 없다는 증거다. 노르아드레날린의 작용으로 눈앞의 정보 처리에만 급급할 뿐, 도파민에 의한 정보 처리가 제대로 작동하지 않고 있는 것이다. **설령 하기 싫더라도 눈앞의 일을 처리해야 한다면 그 의의나 의미를 스스로 발견하는 것이 좋다.** 스스로 자신의 생각을 의식해 도파민을 방출시킴으로써 집중력을 높이면 수행 능력이 극대화된다.

노르아드레날린이 과다하게 분비되면 주위의 잡음에 신경이 쓰여 집중하기가 힘들다. 일에 몰입이 잘 안 되고 집중할 수 없다면 이를 바로 알아차리고 눈앞의 일에 의미나 의의를 부여해보기 바란다. 그것이 뇌의 처리 효율을 높여 별로 내키지 않은 일도 고속으로 처리할 수 있게 한다. 결과적으로 자신이 원하는 일에 몰두할 시간을 만들어낼 수 있다.

스트레스를 잘 관리하기 위한 힌트 2

스트레서를 정리하고 의미를 찾는다

스트레스를 잘 관라하기 위해서는 일단 자신이 어디에서 스트레스를 받는지 정리해보는 작업이 필요하다. 인식되지 않는 모호한 상태가 지속될 때 뇌는 큰 스트레스를 받기 때문이다. 집중이 잘 안 될 때는 그 순간 자신에게 닥친 스트레서를 찾아내기 위해 종이에 써보는 것이 좋다.

3. 지나치게 높은 기대와 예측을 조정한다

뇌의 스트레스 '기점'에 주목한다. 이 기점은 무의식의 높은 예측치와 기대치가 만들어낸 경우가 많다.

예측과 현실 사이에 괴리가 커서 스트레스 반응이 일어나고 있다면 자신이 **지나치게 높은 기대를 하고 있는 것은 아닌지 생각해보며 예측치를 스스로 조정해나가야 한다.**

이러한 조정은 다양한 상황에서 활용해볼 수 있다. 직원이 기대한 바에 미치지 못하면 배신감도 들고 스트레스도 받는다. 이때 합리적 기대치를 생각하며 조정하면 금세 냉정을 되찾을 수 있다.

하지만 자신의 기대치를 제어하는 것과 부하 직원이나 동료와 의사소통 과정에서 기대감을 표현하지 않는 것은 별개의 문제다.

"당신에겐 별로 기대하는 게 없어" "어차피 힘들 텐데 할 수 있는 데까지 해봐"라는 식으로 말하면 상대방의 모티베이션에 악영향을 미칠 수 있다.

예측치나 기대치에 차분이 생기는 것은 보통 상대방이 아닌, 자신에게 원인이 있다. 부하 직원이 기대 수준에 미치지 못한 것은 기대치를 잘 조정하지 못한 자신의 책임이다. 지시를 내리면서 머릿속으로 '이 정도는 해주겠지'라고 예측하지만 그 마음이 부하 직원에게는 전해지지 않아 차분을 낳은 것이다.

물론 '부하 직원이 거기까지 해주면 좋겠다'고 능력 향상을 기대하는 것은 나쁘지 않다. 하지만 단순히 부하 직원 탓만 할 게 아니라 자기의 의사소통 능력도 재고해보려는 사고의 유연성이 필요하다.

자기 자신에 대한 예측치, 기대치도 이와 똑같다 .'나는 이 정도는 할 수 있어야 한다' '할 수 있다고 믿는다'고 생각하는 것은 나쁘지 않지만 그것이 때로 자신을 괴롭힐 소지가 될 수 있음을 염두에 두어야 한다. **자신의 목표나 목적을 난이도나 성취도에 따라 유연하게 조정할 수 있는 능력도 스트레스를 잘 관리하기 위해서는 꼭 필요한 요소다.**

목표를 높게 잡으면 어쩌다 성공하는 경우가 있더라도 늘 부족한 점이나 실패에 눈이 쏠리기 쉽다. 높은 목표를 세웠다면 성패에 매달리기보다 과정에서 이룬 성장에 눈을 돌려보자.

물론 성공이나 실패로부터 배우는 것도 많다. 하지만 과정 속의 성장을 우선적으로 살펴야 한다. 무슨 일이든 앞을 향해 뜻을 높여 배운다면 비록 실패했더라도 한 뼘 성장해갈 것이다. 성장한 부분을 부감적으로 파악해 이를 뇌에 학습시키면 높은 목표로 인한 스트레스를 배움으로 바꾸어 모티베이션을 높일 수 있다.

4. 무의식적 편견을 버린다

그림 17은 이 장의 첫머리에서 낸 퀴즈의 일러스트다. 이 일러스트

스트레스를 잘 관리하기 위한 힌트 3

지나치게 높은 예측치, 기대치를 조정한다

현실이 기대한 바와 너무 다르면 스트레스 반응이 일어난다. 자신의 목표나 목적을
난이도나 성취도에 따라 유연하게 조절할 수 있는 능력도 스트레스를 잘 관리하기
위해서는 반드시 필요하다.

그림 17

를 3초 동안 보고 동그라미의 개수 외에 뭔가 눈에 띄는 것이 있는지 살펴보라. 발견했는가.

정답은 손가락이 여섯 개라는 것이다. 인간의 뇌는 무의식적으로 사람의 손가락을 다섯 개로 인식한다. 인지적으로 그런 것이라고 학습되어 있기 때문이다. 이른바 '인지 편향'이다.

이 인지 편향이 스트레스 반응을 유도하기도 한다. 손가락 개수와 같은 학습한 것과의 차이는 스트레스가 되기 어렵지만 자신의 감정을 뒤흔드는 자극, 그것이 쌓여서 형성된 가치 기억이나 가치관이 현실과 달라서 생기는 차이는 자연히 우리의 불쾌감을 초래한다.

인지 편향처럼 자기의 가치관 등에 '무의식적 편향이 있을 수 있음을 평소 인지해두면 그로 인한 과도한 스트레스 반응을 막을 수 있다.

무의식적 편향은 크게 두 가지 경우에 도사리고 있다.

하나는 가치관이다. 자신이 생각하는 사고방식이나 가치관에서 벗어난 것을 접하면 우리 뇌는 스트레스 반응을 보이기 쉽다. 자신의 가치관과 현실 사이에 괴리가 생겼을 때 자신을 메타인지할 수 있는 사람은 많지 않다. 그렇기 때문에 자신의 사고방식이나 느낌, 삶의 방식과 인생관 등을 미리 파악하고 현실에는 자신과 다른 가치관이 무수히 많다는 것을 인정해나가다 보면 스트레스를 줄일 수 있다.

가치관은 태어나 자란 환경과 이제까지 살아온 삶의 경험에 크게 좌우되기 때문에 사람마다 가치관이 다른 것은 너무나 당연한 일이다. 하지만 뇌는 자기 기준으로만 옳고 그름을 판단해버리는 경향이 있다. 이를 피하려면 자신의 가치관을 객관적으로 바라보려는 노력이 필요하다. 가치관의 다양성을 받아들임으로써 자기의 스트레스 반응과 적당히 거리를 유지하며 심리적 안전 상태를 지속할 수 있다.

'나는 이렇게 생각하지만 저렇게 생각할 수도 있구나.' 그렇게 정보 처리를 하면 무의식중에 생기는 스트레스 반응을 성장으로 전환할 수 있다.

또 다른 무의식적 편향은 '단정 짓기'다.

매사를 단정 짓는 것은 기대나 예측치가 고정되어 있기 때문이다. 하지만 세상에는 자신의 예측이나 기대와는 전혀 다른 일들이 늘 벌어진다. 매사에 단정 짓는 일이 습관으로 자리잡으면 스트레스를 유발하기 쉽기 때문에 적절히 통제하지 않으면 안 된다.

많은 사람이 빠지기 쉬운 함정은 늘 무언가를 '해야 한다'고 생각하는 것이다. 단정 짓기의 전형적인 사례다. 자기 입에서 '~해야 한다', '~이어야 한다'라는 말이 자주 나온다면 자신이 편견에 빠져 있는 것은 아닌지 의심해보는 게 좋다.

'당연히 이렇죠', '보통은 이렇습니다', '통계적으로는 이렇습니다' 같은 말들도 무의식적으로 편향된 뇌의 정보로 이어지기 쉽다.

통계는 어디까지나 통계일 뿐이다. 숫자는 항상 '이상치outlier'를 갖는다. 통계가 보여준다고 해서 세상에 '평균인'이 존재하는 것은 아니다. '과학적으로는' 같은 말도 주의해야 한다. 과학도 항상 변하고 있기 때문이다. 조금 전까지 옳았던 정보가 하루아침에 틀린 것으로 밝혀지는 경우도 자주 있다. **과학적이라고 해서 반드시 참이라는 근거는 전혀 없다. 사람 일에 관한 한 특히 그렇다.** 개개인의 인간은 전혀 다른 환경에서 태어나 자라왔다. DNA가 같은 사람은 존재하지 않는다. 모든 것을 완벽하게 딱 잘라 말할 수 없는 이유다. 자신이 무의식적으로 갖고 있는 편견을 인식하고 이를 부감적으로 파악해 다양한 삶의 방식을 수용하려는 마음가짐은 불필요한 스트레스를 줄이면서 배움의 요소 또한 늘려준다.

무의식적 편견을 버린다

자신의 가치관에 '무의식적 편견'이 잠재해 있을 수 있음을 인정하면 이로 인한 스트레스를 줄일 수 있다. 자신의 가치관이 무엇인지를 잘 알려면 자신의 사고방식이나 인생관 혹은 감정 패턴을 파악해야 한다. 매사를 단정 짓는 습관 또한 잘 조절하는 것이 좋다.

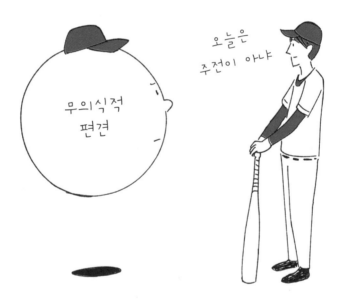

5. 초부감시를 통해 스트레스를 줄인다

해마는 에피소드 기억을 저장하고, 해마와 연결되는 편도체는 감정 기억을 저장하는 역할을 한다. 어떤 사건이 일어나면 뇌는 그 사건만이 아니라 그와 관련한 감정도 저장한다.

뇌는 불쾌한 일이나 부정적인 사건을 반복해서 떠올리는 경향이 있다. 하기 싫거나 자신에게 불리한 일을 피하려고 학습하기 때문이다. 생명체에게 이는 자연스러운 일이다.

하지만 똑같은 일을 뇌 속에서 몇 번이고 쳇바퀴 돌리듯 돌리면 뇌 속 신경세포의 매듭인 시냅스의 반응이 견고해진다. 그렇게 되면 갈수록 불쾌한 감정이 싹트면서 증폭된다. 큰 충격이 없는 사건이라면 감정 반응도 없고 되새기는 일도 없이 사건은 잊힐 것이다. 하지만 인상적으로 감정을 뒤흔드는 기억으로 남아 있을수록 악순환처럼 같은 일을 되풀이하게 된다.

같은 생각을 반복해서 하는 사람은 부정적인 사건에만 반복해 반응하게 되면서 자기만의 세계에 빠져버리고 만다. 좋지 않은 일만 떠올려 불쾌감을 일으킬 뿐만 아니라 상대방과 있었던 다른 부정적인 일들을 회상하며 있지도 않은 상상까지 하게 된다. '이 사람은 이런 사람임에 틀림없다'고 부정적으로 반복 재생해 뇌 속에 싫어하는 상대방을 계속해서 떠올리고는 자기 안에서 그 존재를 부풀리는 것이다. 싫어하는 상대방을 생각하면 할수록 실제로는 뇌에 강하게 각인시키는 역설적인 결과가 초래된다.

이런 상태에 빠진 사람들은 좀처럼 자신의 상태를 깨닫지 못한다. 엄청난 스트레스로 전전두피질이 잘 기능하고 있지 않기 때문에 평소라면 상상도 못할 일을 저지르기 쉽다.

자기만의 세계에 빠져 스트레스 상황에서 허우적대고 있다면 당장 그 세계로부터 빠져 나와야 한다. 그러기 위해서는 무엇보다 하늘 위에서 내려다보듯 자신을 객관적으로 파악해보려는 노력이 필요하다.

내가 미국에 있을 때 한 정신과의사는 흰 칠판에 검은 펜으로 점을 찍어 '당신 자신을 화이트보드 안의 한 점에 세워보라'고 말했다. 그만큼 자신을 뺀 위치에서 보라는 얘기다. 그러면 자신의 고민이나 부정적인 생각이 쌀알만큼 작게 느껴진다. 생각할 가치도 없는 것처럼 말이다. 결국 싫어하는 사람을 자기 뇌에 아로새기는 의식이 바보 같은 짓임을 깨닫게 된다.

하지만 스트레스의 초부감시와 축소화는 스트레스가 지나친 상태에서는 실행하기 어렵다는 점이다. 자신을 부감시할 때 쓰이는 전극측 전전두피질의 기능이 이미 마비된 상태이기 때문이다. 그렇기 때문에 스트레스 과잉 상태가 되기 전에 평소 스트레스의 초부감시와 축소화를 습관으로 만들어놓아야 한다. 습관이 되어 강한 기억으로 뇌에 새겨지면 비록 스트레스가 심하다 해도 자신을 객관적으로 바라볼 수 있는 여유를 잃지 않을 수 있다.

일상적으로 할 수 있는 자신에 대한 초부감시는 '오늘 하루, 살아 있음'에 매일 진심으로 1분간 감사하기 등을 생각할 수 있다. 이러한 시도는 과학적인 관점에서 설명할 수 있기 수천 년 전부터 종교에서 행해졌다. 그날 하루를 무탈하게 보낸 것에 감사할 수 있는 사람은 사소한 스트레서에 일일이 과잉 반응하지 않을 것이다.

그런 뇌는 하루아침에 만들어지지 않는다. 매일 마음을 담아 계속하는 사람에게만 뇌의 네트워크가 형성된다. 과학적으로 봐도 뇌의 강화 학습과 플라시보 효과의 양 측면에서 설명 가능하다.

'믿는 자는 구원받는다.' 맞는 말이다.

6. 부정적인 감정을 긍정적으로 바꿔 쓰는 기술을 몸에 익힌다

우리는 부정적인 감정을 긍정적인 것으로 바꿔놓을 수 있다. 반대로 긍정적인 것을 부정적으로 바꿔 쓸 수도 있다. 이런 판단의 배경에는 감정을 바꿔 쓰는 원리가 있다. 쥐 실험에서도 그렇지만 최근 그 구조가 세포와 분자 수준에서 규명되기 시작했다. 여기에는 해마와 편도체의 결합이 관련되어 있다.[21] 앞에서도 말했듯이 우리는 싫은 일일수록 다시 떠올리기 쉽고, 그 정보를 뇌에 새기기 쉽다. 강하게 달라붙은 부정적인 감정 기억은 내버려둬도 자연스럽게 기억을 강하게 만드는 방향으로 작용한다.

뇌와 기억의 상태는 계속 의식적으로 주의를 기울이지 않으면 '사용

스트레스를 잘 관리하기 위한 힌트 5

초부감시로 스트레스를 축소화한다

뇌는 싫은 일이나 부정적인 일을 계속해서 떠올리기 쉽다. 부정적인 악순환이 반복되면 빠져 나올 수 없게 된다. 자신의 고민을 작게 느끼기 위해서라도 자신을 뺀 위치에서 '초부감시'해보거나 일상에 감사함을 느껴보자.

그래도 아직은 괜찮은 것 같아...

나

하지 않으면 잃는다'는 원리에 따라 신경회로가 손실되는 방향으로 나아간다. 하지만 강한 기억일수록 그렇게 하기가 어렵다. 의식하지 않겠다고 신경을 쓸수록 오히려 주의가 쏠리기 때문이다. 그로 인해 더욱 불쾌해지고 점점 더 부정적인 감정으로 치달을 수 있다.

여기서 중요해지는 것이 감정을 바꿔 쓰는 것이다. 부정적인 감정 기억이 달라붙은 편도체와 그것을 일으키는 해마의 에피소드 기억의 배선을 재배열하여 다시 매듭을 지을 필요가 있다.

싫어하는 사람이나 사건은 해마에 정경情景으로 저장되고 그에 따른 감정 기억이 편도체에 저장된다. 우리의 무의식적 주의가 해마를 활성화하면 불쾌한 기분이나 감정이 편도체로부터 유발되는 구조다. 이런 정보 경로가 물리적으로 존재하기 때문에 감정을 바꿔 쓰기 위해서는 이 경로를 사용하지 않으면서 자연스럽게 퇴화시키거나 그 경로의 배선을 바꿀 수밖에 없다.

배선을 재배열하려면 '부정적인 사건'에 대한 기억을 떠올리는 동시에 '긍정적인 감정'을 일으키는 것이 관건이다.

부정적인 기억을 가진 해마를 자극하면 편도체에서 부정적인 감정 기억이 반응한다. 하지만 **부정적인 사건에 대한 기억을 끄집어낼 때 긍정적인 감정의 발현을 촉진시키면 부정적인 사건의 기억에 긍정적인 감정 기억의 배선이 만들어지기 시작한다.**

예를 들어보자.

불쾌한 일이 있고, 부하 직원의 기운이 없다. 상냥한 당신은 부하 직원을 술자리에 초대한다. 기분 전환이 목적이기 때문에 불쾌한 일은 다시 떠올리지 않기로 한다. 그렇게 강한 부정적인 감정이 아니라면 술자리만으로도 불쾌한 일을 떠올리거나 뇌에 부정적인 기억을 새기지 않을 수 있다.

하지만 정말 뇌에 강한 충격을 받았다면 술자리에 가더라도 별 소용이 없다. 술자리에서는 잠시 잊었다가 술자리가 끝나고 나면 바로 다시 떠오르면서 근본적인 해결이 안 될 때가 있다.

최악은 술자리에서 불쾌한 일에 대해 떠벌리고 한술 더 떠서 푸념을 늘어놓는 경우다. 이러면 갈수록 불쾌한 사건과 감정 기억이 견고해진다. 푸념을 늘어놓음으로써 부하 직원도 당신에게 동료 의식을 느끼고 용기를 북돋아줄 수도 있다. 하지만 뇌에 붙어 있는 불쾌한 사건과 감정 기억은 여전히 부정적이며 점점 더 공고해질 수 있다. 해결책에 대한 고민 없이 맹목적으로 부정적인 비판을 늘어놓거나 푸념을 받아주는 일은 서로의 뇌에 서식하는 기억을 부정적으로 만들 뿐이다. 이를 진심으로 바라는 사람은 거의 없을 것이다.

한편 설사 부하 직원이 푸념을 늘어놓더라도 이야기를 들어주는 것이 좋다. 구체적인 해결책을 제시하지 않더라도 언제라도 부하 직원에게 다가간다는 인상을 주고 용기를 북돋는 말을 던진다. 그럴 수만 있다면 부하 직원의 에피소드 기억과 감정 기억이 부정적인 것에서 긍정적인 것으로 바뀔 수 있다.

자신이 안심하고 신뢰할 수 있는 사람에게 고민을 털어놓을 때 상대방이 말을 들어주는 것만으로 기분이 홀가분해지는 경험을 해봤을 것이다. 이는 틀림없는 감정의 고쳐 쓰기 사례 중 하나다. **부정적인 말을 늘어놓고 있지만 상대방이 당신에게 긍정적인 감정을 불러일으키면서 불쾌한 일이 별로 문제되지 않는다는 느낌이다.**

물론 트라우마 등의 강력한 부정적인 감정 기억을 바꾸기는 쉽지 않다. 다만 트라우마 치료에서도 감정 고쳐 쓰기의 원리를 활용하고 있다. 강한 기억일수록 스스로 대처하기는 매우 어렵다. 이럴 땐 심리 상담사와 같은 전문가의 도움이 필요하다.

감정 고쳐 쓰기는 단순히 부정적인 스트레스를 제로로 돌리기 위한 것만은 아니다. 감정 고쳐 쓰기를 몸에 익혀 자기 것으로 삼으면 불쾌한 일이 닥쳤을 때 의식적으로 감정 고쳐 쓰기를 유도함으로써 스트레스를 오히려 성장을 위한 발판으로 삼을 수 있다.

이미 소개한 것처럼 회복탄력성이 높은 뇌로 키우려면 성공하는 과정에서 맛봤던 괴롭고 고통스러운 에피소드와 그때 느낀 감정을 제대로 떠올려봐야 한다.

고 마쓰시타 고노스케의 말은 시사하는 바가 크다.

"실패했다고 바로 손을 놓기 때문에 실패하는 것이다. 성공할 때까지 끝까지 도전하면 결국 성공하게 된다."

"실패의 원인을 솔직하게 인정하고 '정말 좋은 경험이었다. 값진 교훈이다'라고 마음을 여는 사람이야말로 앞으로 나아가며 성장하는 사람이 된다."

실패라는 부정적인 감정을 일으키는 요인도 '정말 좋은 경험이었다. 값진 교훈이다'라고 생각할 수 있는 것은 확실히 감정 고쳐 쓰기이다. 이것이 가능한 사람은 인지적인 유연성이 높아 틀림없이 성장할 것이다.

7. 위화감과 갈등을 소중히 한다

사람들은 성공과 실패를 반복함으로써 옳고 그름의 판단이나 최선의 해결책 등의 판단을 자기 가치관에 비추어 순식간에 내릴 수 있다. 가치 기억을 관장하는 복내측 전전두피질이 앞으로 하려고 하는 일과 과거의 기억을 관련짓기 때문이다. 뇌는 자신이 하려고 하는 일이 '자신이 소중히 여기는 가치'에 들어맞는지 혹은 '해왔던 일'과 일치하는지를 모니터링한다. 불일치하면 전대상회가 활성화되면서 위화감을 유발한다. 스트레스를 효율적으로 관리하려면 이를 인식하고 검증해야 한다.

이때 위화감은 비언어적인 반응이다. 그러니까 '왠지 모르게 이상하다'고 '느끼는' 상태이다. **언어로 설명되기 이전의 상태를 뇌가 지금까지의 데이터베이스를 바탕으로 '어쩐지 이상하다'고 신호를 보내주는 것이다.**

비즈니스 현장에서 '왠지 그럴 것 같다'는 애매한 반응은 환영받지 못한다. 오히려 '그런 쓸데없는 말 좀 하지 마!'라고 매도 대상이 되기

스트레스를 잘 관리하기 위한 힌트 6

부정적인 감정을 긍정적으로 바꿔 쓰는 기술을 몸에 익힌다

우리는 부정적인 감정을 긍정적인 감정으로 바꿔 놓을 수 있다. 이때 부정적인 사건에 대한 기억을 떠올리는 동시에 긍정적인 감정을 불러일으키는 것이 관건이다. 부정적인 비판이나 푸념을 늘어놓지 말고, 가까이 있어줌으로써 안정감을 주고 용기를 북돋는 말을 건네보자.

십상이다. 하지만 바로 언어화할 수 없다는 이유로 무의식적으로 반응하는 정보를 소홀히 하면 새로운 발견의 기회를 놓칠 수 있다.

교육이나 사회 같은 제도권에서는 위화감을 부정적으로 받아들이는 경우가 많다. 그런 관점만 바꿔도 우리는 더 많은 성장의 기회를 가질 수 있다. 위화감은 언어로는 쉽게 표현되지 않는 정보다. 인간은 언어적 정보도 중요하지만 사실 언어나 숫자 이외의 정보가 우리에게 미치는 영향이 더 크다.

그런 정보의 하나로 위화감은 우리가 놓치기 쉬운 중요한 정보를 제공할 수 있다. 바로 언어화하기는 어렵더라도 위화감의 근원이 뭔지 언어로 표현해보려는 시도를 거듭할수록 새로운 발견을 이끌어낼 가능성이 커진다. 언뜻 보아 스트레스 반응만을 이끄는 것으로 보이는 위화감을, 새로운 발견이나 성장을 위한 보물 상자로 인식하고 주의 깊게 그 탐색을 즐길 수 있기를 바란다.

전대상회는 위화감을 인식하는 기능뿐만 아니라 갈등 상태에서도 사용된다. **갈등을 느낀다는 것은 뇌가 중요한 정보를 처리하고 있음을 의미한다. 뇌가 갈등 상태에 놓이면 그에 따른 행동의 결과를 연관시켜 학습하기 때문이다.** 따라서 갈등 상태를 무작정 피해서는 안 된다.

뇌는 합리적인 학습 모델을 갖고 있다. 별로 흥미가 없는 것을 학습시키려고 하지 않는다. 에너지가 낭비되기 때문이다. 갈등 상황이 생기는 것은 흥미가 있기 때문이다. 아무래도 상관없는 일에 뇌는 갈등 상태를 만들지 않는다. 이런 의미에서 갈등의 대상은 흥미의 대상이기 때문에 뇌를 빠르게 활성화시킨다.

그 결과 뇌 신경세포에 기억으로 새겨지기 쉬운 상태가 된다. 갈등에 기반한 행동은 일의 성패에 상관없이 갈등 내용과 실제 일어난 일 사이에 괴리가 크기 때문에 뇌는 이를 학습하려고 한다.

갈등이 일어났을 때 이를 피하려고만 하지 말고 오히려 환영할 줄 알아야 한다. 갈등 상황을 부감적으로 파악할 수 있다면 뇌는 갈등 끝에 큰 성장이 이루어진다는 사실을 학습하게 된다. 그리고 이를 아는 것만으로도 우리는 스트레스를 힘으로 변화시킬 수 있다.

고민하거나 갈등하는 사람에게 해결책을 제시해주는 것은 언뜻 친절한 행위로 비칠 수 있지만 이는 우리의 성장과 학습 기회를 빼앗는다. 스스로 해결책을 찾는 뇌를 활용하지 않는 한 자신의 삶을 스스로 꾸려나가는 것이 불가능하게 되고 만다.

갈등하는 사람에 대해서는 그냥 방치하거나 답을 가르쳐주는 것도 아닌 적당한 거리감이 필요하다. 선택지나 힌트를 주는 등 대처 방법은 다양하게 있을 수 있지만 갈등하는 당사자의 성장을 생각하면 스스로 생각하고 결정해 행동하도록 격려하는 것이 좋다. 결과에만 얽매여서는 안 된다. 고민과 갈등의 가치를 잊지 않고 나아가면 스트레스는 우리의 성장을 뒷받침해줄 것이다.

스트레스를 잘 관리하기 위한 힌트 7

위화감과 갈등을 소중히 여긴다

위화감은 뇌가 지금까지 쌓인 경험을 바탕으로 지금 '이 상황이 이상하다'고 보낸 신호이기 때문에 우리는 이로부터 놓치기 쉬운 중요한 정보를 얻을 수 있다. 또한 갈등 끝에 내린 판단은 일의 성패에 상관없이 뇌에 강한 차분을 일으키기 때문에 큰 학습 효과를 가져온다. 위화감과 갈등을 부감적으로 파악함으로써 스트레스를 성장의 동력으로 바꿀 수 있다.

너희들은 내가 성장해 나가는 데 없어서는 안 될 존재야

위화감   갈등

8. 갑갑한 감정을 받아들인다

　앞서 말했듯이 신경세포의 결합 시냅스가 최대치가 되는 시점은 전전두피질을 예로 들면 두 살 무렵이다. 그 시점부터 사용되지 않은 시냅스는 가지치기에 의해 점점 줄어든다. 뇌는 사용하지 않는 배선은 남겨두려고 하지 않는다. 갖고 있는 것 자체가 에너지 낭비이기 때문이다.

　시냅스를 많이 보유하고 이를 공고히 하는 행위가 학습이다. 시냅스가 많은 아이는 학습이 빠른 반면, 성인은 가지치기 되어버린 시냅스를 다시 형성하고 견고하게 만들어야 하기 때문에 더 많은 에너지를 필요로 한다. 이를 '경험 의존의 시냅스 형성'이라고 한다.

　뇌의 적응 시스템은 그야말로 훌륭하다. 생후 시냅스를 단번에 최대치까지 늘린 후, 대략 열다섯 살에 이를 때까지는 성인보다 많은 시냅스 수를 보유한다. 그때까지 사용되지 않는 시냅스는 아마 평생 사용되지 않을 것이다. 마치 뇌 속 시냅스의 자연 선택 같은 것이 이루어지는, 지극히 생물학적 합리성을 갖고 있다.

　성인이 되면서 학습에 시간이 더 걸린다고 느끼는 것은 나이가 들면서 시냅스의 수가 줄어들기 때문이다. 뭔가 새로운 것을 배울 때 갑갑한 느낌이나 좀처럼 머릿속에 들어오지 않는다는 느낌을 받은 적이 있을 것이다. 우리는 이 갑갑함을 스트레스로 느끼고 '내게 맞지 않나 보다', '다른 걸 해봐야겠다'라고 생각하며 관심을 쉽게 접어버린다. 결국 오래가지 못해 아무것도 몸에 배지 않는 결과를 가져온다.

정말 안타까운 일이다. 새롭게 뭔가를 배울 때 갑갑함을 느끼는 것은 당연하다. **갑갑하다고 느끼는 것 자체가 학습하고 있다는 증거다.** 뇌 속에서 잘 쓰이지 않는 신경세포는 그 물리적 구조가 미숙하고 에너지 효율이 좋지 않다. 계속 점화되는 과정을 반복하면서 미엘린 수초라 불리는 구조체가 두터워지고 전기 신호의 전도 효율이 높아진다. 또한 수용체라 불리는 구조체가 시냅스에 모여 화학신호를 받을 확률을 높임으로써 전달 효율을 높이는 등 세포와 분자 수준에서 다양한 변화가 생긴다. 이와 같은 물리적인 구조 변화에는 당연히 에너지가 필요하다. 새로운 학습을 위한 개통 공사가 진행되고 있기 때문이다.

이 구조를 객관적으로 이해하고 나면 새로운 것을 학습할 때 생기는 갑갑함을 오히려 성장의 기회로 생각할 수 있다. 이때 현출성 네트워크를 활용하여 자신의 갑갑함을 알아차리는 것이 전제되어 있어야 한다. 위화감이나 갈등과 마찬가지로 갑갑함을 성장의 증거로 받아들이면 지금까지 스트레스로 인식했던 막막하고 답답한 상태를 배움이나 성장의 징표로 인식할 수 있다. 그러면 많은 성장 가능성을 만나고, 배움은 즐거워진다.

갑갑함을 받아들이고 수용한다

갑갑하다는 느낌을 스트레스로 받아들이면 '이 일이 내게 맞지 않나 보다'라고 여기며 흥미를 딴 데로 돌려버리기 쉽다. 그러나 이러한 느낌을 받는 것이 야말로 학습하고 있다는 증거다. 위화감이나 갈등과 마찬가지로, 갑갑하다는 느낌을 성장의 증거로 생각하고 편한 마음으로 받아들이자.

9. 진심을 담아 포옹한다

　사랑하는 대상을 진심을 담아 끌어안으면 애정 호르몬 혹은 신뢰 호르몬이라 불리는 옥시토신이 분비된다. 이 옥시토신이 스트레스 상태를 완화시킨다.

　진심으로 사랑하는 존재가 생기면 옥시토신의 양이 증가한다. 사랑하는 존재와 함께 있으면 마음이 차분해지는 느낌을 받는데 이는 옥시토신이 분비되기 때문이다. 사랑하는 사람을 떠올려보거나 그런 사람을 직접 만나는 것도 스트레스 조절에 효과적이다.

　사랑하는 사람이 생기면 일단 그 감정에 집중하자. 스트레스를 안고 있으면 포옹을 해도 스트레스 호르몬이 만들어질 뿐, 옥시토신은 방출되지 않는다. 스트레스와 잘 지내기 위해서는 자신의 내부 감각과 정동에 집중해야 한다.

　사랑하는 사람, 소중한 가족, 사랑스러운 아이에게 마음에서 우러나오는 포옹을 해보자. '해준다'는 감각이 아니다. 마음을 담은 포옹은 자신을 위한 것이기도 하다.

10. 의식적으로 긍정적인 것을 보고 음미한다

　뇌는 뭔가 오류가 발생하거나 미심쩍게 생각되는 점들에 눈을 돌리

스트레스를 잘 관리하기 위한 힌트 9

진심을 담아 포옹한다

사랑하는 존재를 진심을 다해 껴안으면 옥시토신이 분비돼 스트레스를 완화
시킨다. 자신의 내부 감각, 정동에 집중하고 진심을 담아 포옹해보자.

기 쉬운 구조로 되어 있다. 이른바 '부정 편향'이다. 여기에 한몫하는 것이 전대상회다.

원래 전대상회는 말로 표현할 수 없는 미지의 것을 위화감으로 전달해 새로운 정보를 습득하게 하거나 갈등 상황에서 뇌를 빠르게 활성화시켜 학습을 증진하는 등 우리의 생존 확률을 높이고 성장 잠재력을 촉진하는 역할을 하지만 오류나 흠집 잡기처럼 부정적인 기능도 무의식중에 담당하고 있다.

뇌는 예상대로 흘러가는 일에 좀처럼 주의를 기울이지 않는다. 일반적으로 뇌는 자신이 이미 한 일이 아니라 하지 못한 일에, 잘한 부분이 아니라 잘못한 부분에 주의를 쏟는 경향이 있다. 하지만 잘하지 못한 부분에만 주의를 기울여 그것이 뇌에 깊이 아로새겨진 사람은 대체로 자신을 잘 믿지 못한다. 자기 비하가 심해지면서 자기 긍정감이 크게 훼손된다.

한편 자신이 잘해낸 부분에 의식적으로 주의를 기울이면 자신의 미흡한 부분을 인식한 상태에서 자신이 성취한 부분의 정보도 함께 뇌에 새겨진다. 그러면 뇌가 '못했던 것도 할 수 있게 된다'는 사실을 학습하게 되면서 자신에 대한 믿음이 자라난다. 비록 지금은 못해도 나중에는 잘할 수 있게 되리라는 생각은 자기 긍정감으로 이어진다.

너무 어렵게 생각할 것 없다. 별것 아닌 소소한 일에서 일어나는 긍정적인 정동을 느끼고 음미하면 된다.

청명한 하늘이 될 수도 있다. 변화무쌍한 구름의 아름다움일 수도 있고 길가에 핀 꽃일 수도 있다. 아이의 미소나 자라나는 모습일 수도 있고, 카페 점원의 웃는 얼굴이나 누군가의 인사말일 수도 있다. 커피를 마시거나 샤워를 할 때처럼 일상의 다양한 상황 속에서 우리는 긍정적인 감정을 이끌어낼 수 있다. 잠시 멈춰 서서 몸 속에서 일어나는 기분 좋은 정동 반응에 주의를 기울여 음미해보자.

인생의 한정된 시간을 불평으로 채울지 아니면 기분 좋은 정보들로 채울지는 우리 자신의 태도에 달려 있다.

11. 불확실성 속에서 탐색을 반복한다

뇌는 불확실하고 모호한 것을 좋아하지 않는다. 불확실한 상황을 회피하려는 반응을 보이는데 그래야 생존 확률이 높아진다는 것을 진화적으로 경험해왔기 때문이다. 이러한 반응 기제는 오늘날에 도리어 새로운 도전을 가로막는 요인으로 작용할 수 있다. 살아남기 위해 무작정 불확실하고 모호한 것을 회피한다면 새로운 것에 대한 학습 기회를 잃을 수 있다.

인간이 지금까지 진화를 거듭해온 것은 불확실한 상황에 직면해서도 앞으로 나아가려는 힘을 가지고 있었기 때문이다. 인간의 뇌에는 불확실성을 상대하는 전극측 전전두피질이라는 뇌 부위가 갖추어져 있다. 새로운 일에는 늘 미지의 변수들이 따른다. 하지만 이에 맞서 도전

스트레스를 잘 관리하기 위한 힌트 10

의식적으로 긍정적인 것을 보고 음미한다

뇌는 오류나 부정적인 부분에 눈을 돌리기 쉬운 구조로 되어 있다. 별것 아닌 소소한 일에 긍정적인 정동을 느낀다면, 잠시 멈춰 서서 내부에서 일어나는 기분 좋은 정동 반응에 주의를 기울여 음미해보자.

을 계속해온 사람들이 있었기에 인류는 진화를 거듭해올 수 있었다.

불확실성에 맞서 도전을 두려워하지 않는 사람과 그렇지 못한 사람 사이에는 어떤 차이가 있을까. 답은 명확하다. 둘의 차이는 불확실한 상황에서 탐색 기능을 하는 전극측 전전두피질을 얼마나 활용했느냐에 따라 갈라진다. "사용하지 않으면 잃는다"는 원리가 여기서도 작용하고 있다. 전전두피질의 최첨단 부위에 자리한 전극측 전전두피질의 기능은 후천적으로 활용함으로써 길러지는 고등적인 기능이다.[22] 즉 애매하고 불확실한 일에 맞닥뜨렸을 때 이를 얼마나 회피하지 않고 도전해왔는가에 따라 이 기능의 활용도는 전혀 달라진다.

도전이라고 하면 거창한 것 같지만 그렇지 않다. 당사자가 '도전'이라고 스스로 느끼면 그만이다. 주변 사람들이 뭐라든 신경 쓸 필요가 없다.

새로운 것을 배울 때는 모르는 것투성이기 마련이다. 정통한 사람에게는 너무나 당연하고 쉬운 것도 처음 배우는 사람에게는 도전과 시련의 연속이다. 자연스러운 일이다. 하지만 안타깝게도 새로운 것을 배우기 시작하면 자신이 많이 부족하고 모르는 게 많다는 사실에 압도되어 지레 배움을 포기하는 사람들이 많다.

이때 전극측 전전두피질은 이러한 현실을 받아들이고 앞으로 나아가게 하는 기능을 한다. 벽에 부딪혀도 꿋꿋하게 앞으로 나아가며 성공과 성장을 이루어가는 가운데 뇌는 '도전이 가져다주는 가치'를 반복해 경험한다. 그리고 훗날 뇌는 이 도전 과정에서 겪은 고난을 성공이나 성장과 관련지어 기억으로 아로새긴다.

전극측 전전두피질에서는 범주 학습category learning도 이루어진다. 기억을 패턴화해 뇌에 새기고 처리하는 것이다. **도전에 성공하고 이를 통해 성장하게 되면 뇌는 이것을 기억으로 저장한다.** 그리고 그 기억을 패턴 학습함으로써 불확실성을 탐색하는 기능은 더욱 강화된다.[23] 따라서 평소 조금씩 도전을 시도해보는 것이 뇌 기능을 키운다.

새로운 것에 대한 학습이나 일에 대한 도전이 가장 효과적이지만 평소 읽지 않는 책에 도전해보거나 발걸음을 하지 않던 가게에 가보는 것도 나쁘지 않다. 미지의 것이 꿈틀대는 세계에 발을 들여놓으며, 어쩔 수 없이 생기는 자신의 회피 반응을 부감적으로 파악하면서 뭔가를 배우려는 태도야말로 전극측 전전두피질을 조금씩 키워나가는 길이다.

누구나 확실하고 긍정적인 것들에 눈을 돌리고 싶어 한다. 하지만 불확실한 상황에서 흥미로운 점을 발견하려는 경험을 축적해가면 스트레스 상황을 보다 좋은 방향으로 바꿔나갈 수 있다. 불확실한 상황은 스트레스를 유발하지만 이를 긍정적으로 받아들이며 자기편으로 만들다 보면 성장해 있는 자신을 발견할 수 있다.

불확실성 속에서 탐색을 반복한다

뇌에는 불확실성에 직면해서도 앞을 향해 탐색하는 기능이 있다. 도전과 성공에 눈을 돌림으로써 도전이 가치 있는 일임을 뇌에 아로새길 수 있다. 그렇게 반복하다 보면 불확실한 상태의 스트레스를 힘으로 바꾸는 뇌가 만들어진다.

12. 많이 웃는다

스트레스 상태에 빠지면 뇌는 이를 본래대로 되돌려 놓으려고 한다. 살아 있는 생명체는 생존에 필요한 안정적인 상태를 능동적으로 유지하려는 항상성homeostasis을 갖고 있기 때문이다. 이때 뇌 속에서는 '뇌 속 마약'이라 불리는 β엔도르핀이 분비되어 과잉 반응하는 스트레스 상태를 완화시킨다.

β엔도르핀은 통증에 반응해 자동적으로 합성되며 우리가 웃을 때 쉽게 방출된다. 마음에서 우러나오는 웃음이 β엔도르핀을 다량으로 분비한다. 웃으면 복이 온다는 말이 있듯이 웃음에는 힘들고 불필요한 스트레스를 날려버릴 수 있는 힘이 있다. 웃음은 β엔도르핀을 통해 뇌, 신체, 심장에 상상 이상의 에너지를 부여한다.

웃음의 효과는 β엔도르핀에 의한 스트레스 완화에만 그치지 않는다. 소리 높여 웃을 때 내쉬는 숨이 부교감신경을 활성화하면서 뇌를 디폴트 모드 네트워크로 전환시킨다.

대부분의 불필요한 스트레스는 냉정하게 생각하면 생각하고 싶지 않은 일에 무의식중에 사로잡혀 있는 상태다. 그런 일에 인생의 중요한 시간을 허비하는 것만큼 안타까운 일은 없다. 웃음은 의식적으로 유쾌하고 재미있는 일에 주의를 기울이게 함으로써 스트레서에 주의를 빼앗기지 않도록 한다. 사소한 스트레서는 웃어넘기게 되면서 스트레스가 만성화되는 것을 막는다.

『웃음과 치유력』이라는 책을 쓴 저널리스트 노먼 커즌스는 50세가 되었을 무렵 결합조직 질환인 교원병을 앓았다. 커즌스의 표현을 빌리자면 교원병은 '온몸이 트럭에 치인 듯한 통증'을 일으키는 병이다. 커즌스는 통증을 피하려고 매일같이 코미디만 봤다. 실컷 웃음을 터트리고 나면 잠시나마 통증이 줄어드는 것을 느꼈기 때문이다. 지금이야 β엔도르핀의 효과가 널리 알려져 있지만 당시에는 아직 그런 개념이 없던 때라 의사조차 그런 그를 의심의 눈길로 바라봤다. 그래도 그는 웃음을 통한 치료를 실행했고 결국에는 거의 불치병에 가까운 것으로 알려진 교원병을 극복해냈다. 아마도 웃음이 면역계에도 긍정적인 작용을 했기 때문일 것이다.

웃음은 스트레스 관리에 효과적이다. 웃음은 우리를 강하게 만든다. 코미디만이 아니라 아이들의 재롱이나 커가는 모습 혹은 위트가 풍부한 이야기처럼 자신에 맞는 유머 코드를 스스로 발견하며 웃음을 삶의 일부로 받아들여보자.

스트레스를 잘 관리하기 위한 힌트 12

많이 웃는다

웃으면서 분비되는 β엔도르핀은 불필요한 스트레스를 줄인다. 웃음은 부교감신경을 활성화시켜 휴식을 취하게 한다. 재미있는 일에 주의를 쏟음으로써 스트레서에 필요 이상의 주의를 기울이지 않게 된다.

13. 좋아하는 일에 몰입한다

취미를 갖는 것도 자신을 강하게 만들고 성장시키는 데 기여한다. 책, 만화, 영화, 드라마, 게임 등에 시간 가는 줄 모르고 몰입했던 경험은 누구에게나 있을 것이다. 그리고 아이가 게임에 몇 시간씩 몰입하는 모습을 흔히 볼 수 있다. **인간은 기본적으로 좋아하는 일에는 몇 시간이고 집중할 수 있다.**

무언가에 몰입하고 집중할 때 뇌는 β엔도르핀을 방출한다. β엔도르핀은 복측피개영역에 작용해 도파민 방출을 막는 측좌핵을 억제하는 역할을 한다. 그렇게 되면 뇌는 도파민을 방출하기 쉬운 상태가 되면서 집중력이 높아진다. 뭔가를 즐기는 행위는 뇌로 하여금 그 대상에 오래 머물 수 있는 상태로 이끈다.

몰입은 자신의 수행 능력이나 학습 효율을 높인다. 물론 너무 빠져들어 헤어나올 수 없을 만큼 통제력을 잃어서는 안 되기 때문에 적당히 몰두하는 상태를 훈련할 필요가 있다. **뭔가에 몰두해 있는 상태에서는 자신이 좋아하고 관심이 가는 대상에 주의력이 집중되기 때문에 뇌가 스트레스에 신경 쓸 겨를이 없다.** 즉 스트레스 메커니즘에서 말한 HPA 라인이 활성화되지 않는다. 뇌는 동시에 여러 대상에 주의를 기울이지 못한다. 그 제한된 용량을 잘 활용하는 것도 스트레스 관리의 요령이다. 좋아하는 음악에 몰두하는 등의 행위를 학습이나 작업 현장에 끼워 넣어 자신의 두뇌 컨디션을 정리하고 수행 능력을 극대화하는 데 활용해도 좋다. 몰입은 과도한 스트레스를 완화할 뿐만 아니라 긍정적인 작용으로 수행 능력 또한 높인다.

"잘 배우고, 잘 놀아라"라는 말은 "학습에 대한 보상으로 논다"는 맥락에서 이야기되는 경우가 많다. 이것이 뇌에 효과적이라는 것은 두말할 필요도 없다. 하지만 반대로 "잘 놀고, 잘 배워라"라는 말도 틀린 말은 아니다. 왜냐하면 놀이에 몰입해 즐기다 보면 스트레스 반응이 줄어들고 뇌에 β엔도르핀이 만들어지기 때문이다. 이런 상태에서는 β엔도르핀이 효과적으로 작용해 도파민이 만들어지기 쉬운 뇌 상태가 되면서 집중력이 좋아져 높은 학습 효과를 기대할 수 있다. 아이스브레이크에서 기대하는 효과도 바로 이것이다. 따라서 "학습에 대한 보상으로 논다"는 선택지만이 아니라 "놀고 난 다음에 학습한다"는 선택지도 고려해볼 만하다.

14. 세로토닌을 유도한다

β엔도르핀 이외에 항상성을 되찾는 차원에서 뇌 상태를 정리해주는 뇌 속 화학물질로 세로토닌이 있다. 세로토닌은 뇌와 신체 반응으로서 자동적으로 만들어지지만 의식적으로 유도할 수도 있다.

세로토닌은 단조로운 리듬성 운동에 반응해 합성된다. 많은 사람들

좋아하는 일에 몰입한다

우리는 좋아하는 일에는 기본적으로 몇 시간이고 집중할 수 있다. 뭔가에 몰입해 있는 상태에서는 뇌가 스트레서에 주의를 빼앗길 틈이 사라진다.

이 초조하면 다리를 떨거나 손가락을 까딱거리곤 한다. 이런 행동에는 세로토닌을 합성해 스트레스 반응을 억제한다는 의미가 담겨 있다.

다리를 떨고 있는 사람들을 보면 '스트레스에 적응 반응을 하고 있구나'라고 생각해도 좋다. 또한 의도적으로 단조로운 리듬을 새길 수도 있다.

좋아하는 음악을 들으며 리듬을 타는 것도 단조로운 리듬성 운동으로 볼 수 있다. 모든 문명과 문화에 음악이나 춤이 존재해왔던 것은 인류가 DNA 차원의 욕구로서 스트레스에 적응해왔기 때문이다.

껌을 씹는 등의 저작 행위를 통한 리듬성 운동도 효과가 있다. CEO를 대상으로 한 강연에서 '일로 스트레스를 받으면 귀가하는 길에 양배추를 세 개 사가지고 들어간다'는 사람이 있었다. 그 사람은 집에 돌아와 양배추 세 개를 마냥 채 썬다. 그 단조로운 리듬성 운동으로 평정심을 되찾는다고 한다. 이것도 세로토닌이 작용한 결과라고 볼 수 있다.

설거지를 하면 마음이 차분해진다는 유명한 CEO도 있다. 설거지라는 단순 작업도 리듬성 운동으로 생각할 수 있다. 무심하게 집중함으로써 세로토닌이 분비될 가능성이 높아진다. 물론 '내가 왜 이런 걸 하고 있지?'라고 불만을 품은 채 하면, 불만이라는 생각에 신경회로가 사용되면서 세로토닌을 합성하는 뇌 부위의 활동이 약해진다. 결과적으로 불만으로 인한 스트레스만 쌓인다.

단조로우면서 집중할 수 있고 기분이 좋아지는 리듬성 동작을 반복하면 세

로토닌이 분비되어 생활에 여유가 생기고 삶의 질이 높아진다. 세상의 종교적인 의식에는 단조로운 동작의 반복이나 기도문 암송과 같은 의식이 있다. 그 의식들이 오랫동안 지속된 데에는 의미가 있으며 그 평안함은 세로토닌이 작용한 결과로 볼 수 있다.

다만 그런 반복 동작이 효과를 지니려면 자신의 행위를 믿고 이에 집중하는 태도가 필요하다. '믿는 자는 구원받는다'는 말은 진리에 가깝다.

세로토닌 분비는 단조로운 리듬성뿐만 아니라 태양광에도 반응한다. 커다란 관점에서 보면 이것도 리듬이다. 사람의 하루 주기는 정확히 24시간이 아니다. 이를 정리하기 위한 하루 주기 리듬(서캐디언 리듬: 24시간 주기로 되풀이되는 생리적 리듬)*에 도움이 되는 것으로, 세로토닌 분비가 있다.

세로토닌은 아침에 만들어지기 쉽기 때문에 아침 해가 중요하다. 3000룩스 이상의 빛으로 세로토닌이 합성된다는 연구 결과가 있지만 3000룩스를 초과하는 인공광은 거의 존재하지 않는다. 매일 공짜로 안식을 가져다주는 태양에 감사하며 뇌의 상태를 정리해보자.

아침 햇살을 충분히 쬔 후 합성된 다량의 세로토닌은 숙면에도 좋다. 밤이 되면서 세로토닌이 분자 구조를 바꾸어 수면 유도에 중요한 멜라

---

* '서캐'는 '대략', '디언'은 '1일'의 의미로 '대략 1일의 리듬'. 사람의 경우는 25시간으로 되어 있다고 하지만 태양광 등의 '동조인자'로 24시간에 리셋됨으로써 규칙적인 생활을 보낼 수 있다.

토닌이 되기 때문이다. 아침 햇살을 쬐지 않아 충분히 세로토닌이 합성되지 않으면 멜라토닌의 양도 적어질 수밖에 없다. 이처럼 자연의 혜택을 활용해 신체 리듬을 만들어가는 것은 우리 뇌가 최대의 실행력을 발휘하기 위한 최소한의 조건이라고 할 수 있다.

15. 부교감신경을 우위에 둔다

그림 23은 자율신경의 배선도다. 뇌와 척수에서 전신으로 뻗어 있는 자율신경에는 길항적으로 작동하는 두 개의 신경계가 속해 있다. 교감신경과 부교감신경이다.

'투쟁-도주Fight or Flight' 신경계라고 불리는 교감신경은 몸에 에너지를 부여하고 수행 능력을 높이는 기능을 한다. 재빨리 임전태세를 갖추기 위한 기능으로, 뭔가에 집중하고 몰두할 때 교감신경이 작동한다. 하지만 지나치게 작용하면 과도한 스트레스로 이어질 수 있고 사고나 행동에 지장을 줄 수 있다.

한편 부교감신경은 에너지를 비축하고 성과를 내기 위한 준비를 한다. 그래서 '휴식-소화Reset or Digest' 신경계라 불린다.

교감신경이 ON 신경계라면 부교감신경은 OFF 신경계다. 많은 사람들이 성과와 직결된 부분에만 신경을 쓰는 경향이 있는데 성과를 높이려면 ON의 기술은 물론이고 OFF의 이완 기술을 습득해야 한다.

스트레스를 잘 관리하기 위한 힌트 14

세로토닌을 유도한다

세로토닌이 뇌 속 상태를 정리해준다. 단조로우면서 집중할 수 있으며 기분이

좋아지는 리듬성 동작을 통해 세로토닌을 유도할 수 있다. 또한 아침 햇살을 쬠

으로써 세로토닌이 만들어진다.

* 5-HT=5-hydroxytryptamine=Serotonin

OFF 신경계가 에너지를 비축하기 때문에 ON 신경계도 잘 기능하는 것이다. 신경계의 균형이 무너지면 자율신경실조증으로 오히려 실행력이 떨어질 수 있다. **ON 능력뿐만 아니라 OFF 능력을 갖추면 스트레스 관리에 능숙해지면서 성장 속도가 빨라지며 성과를 극대화할 수 있다.**

그러려면 부교감신경이 우위를 점하기 위한 방법을 알 필요가 있다. 스스로 그 상태를 의식적으로 유도할 수 있기 때문이다. 교감신경과 부교감신경이 길항적이라는 것은 그것이 각각 다른 경로에서 전신의 여러 장기나 혈관에 작용하기 때문이다.

긴장되는 순간에 성과를 내려고 하면 심장이 격하게 요동친다. 교감신경이 심장 박동을 높여 전신에 혈액을 공급하고 포도당 등의 영양분을 온몸으로 돌려 에너지로 손쉽게 활용하려고 하기 때문이다. 리허설이 끝나고 본방에 들어가기 전에 심장이 두근거리는 것은 이상한 현상이 아니다. 온몸이 준비 체제에 들어가 있다는 증거다.

긴장하면 화장실을 찾는 사람들이 있다. 그런데 막상 화장실에 가도 실제로는 소변을 보지 못하는 경우가 많다. 이것도 적응 반응이라고 볼 수 있다. 교감신경이 강하게 작용하면 방광이 확장되어 소변이 잘 나오지 않게 작용한다. 투쟁-도주 상태에서 배설이나 하고 있을 때가 아니기 때문이다. 교감신경이 지나치게 활성화되면 신체가 부교감신경을 작동시키려고 한다. 요의를 느끼고 배뇨를 촉진함으로써 부교감신경을 활성화시키는 것이다.

그림 23 스트레스 메커니즘

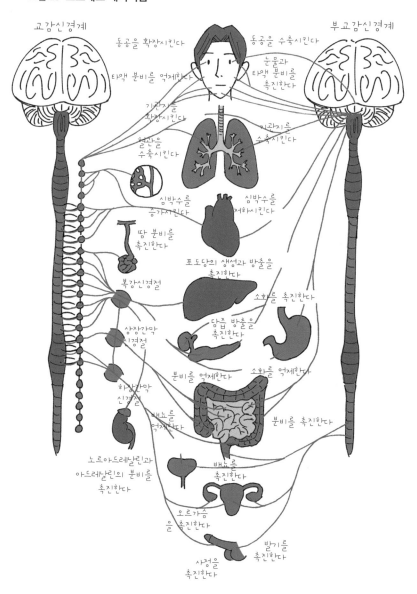

고감신경계

동공을 확장시킨다

동공을 수축시킨다

부교감신경계

타액 분비를 억제한다

눈물과 타액 분비를 촉진한다

기관지를 확장시킨다

기관지를 수축시킨다

혈관을 수축시킨다

심박수를 증가시킨다

심박수를 저하시킨다

땀 분비를 촉진한다

포도당의 생성과 방출을 촉진한다

복강신경절

소화를 촉진한다

상장간막 신경절

담즙 방출을 촉진한다

분비를 억제한다

소화를 억제한다

하장간막 신경절

배뇨를 억제한다

분비를 촉진한다

노르아드레날린과 아드레날린의 분비를 촉진한다

배뇨를 촉진한다

오르가슴을 촉진한다

발기를 촉진한다

사정을 촉진한다

Low, P. 「자율신경계의 개요」 『머크 매뉴얼 가정판』 (2017)을 참조해 작성.

그럼 해부학(자율신경의 장기 등의 배선)의 관점에서 어떤 때 부교감신경을 유도해볼 수 있는지 고찰해보자. 아래에 소개된 모든 것을 적용하려고 하기보다는 접근성이 좋은 것부터 일상에서 해보면 좋다.

동공 수축도 자율신경에 의해 일어난다. 눈이 부셔 실눈을 뜰 정도의 햇빛을 받으면 부교감신경이 활성화된다. 아침 햇살이나 일몰을 보면 기분이 좋아지며 차분해지는 이유다.

껌을 씹거나 사탕을 빨아먹으면 긴장이 풀리면서 부교감신경에 의한 타액 분비가 잘 이루어진다. 이때 일어나는 이완 작용은 껌을 씹으면서 생긴 세로토닌의 효과일 수 있다. 중요한 면접이나 프리젠테이션을 앞두고 긴장해 교감신경이 활성화됐을 때 입 안이 바짝바짝 마르고 타는 듯한 느낌을 받은 적이 있을 것이다. 타액은 자기 상태의 바로미터로 쓸 수 있다. 그럴 때 자신을 진정시키는 방법으로 껌을 씹는 등의 이완 작용을 도입해보면 좋다.

타액 분비에 관한 한 식사도 효과적이다. 이른바 '스트레스 폭식'이라는 말을 들어본 적이 있을 것이다. 스트레스가 만성화되면 원치 않는데도 계속해서 뭔가를 먹게 되는 경우를 볼 수 있다. 이것도 신체의 적응 반응이다. 스트레스가 만성화되어 교감신경이 과다하게 활성화되어 있으면 몸은 부교감신경을 작동시키려고 한다. 부교감신경은 음식물을 소화시키는 과정에서 활성화되기 때문에 음식을 먹음으로써 위장을 움직여 부교감신경을 활성화시키는 것이다.

그렇다면 식사 시간을 자신의 스트레스를 조절하는 시간으로 삼아

보는 것도 효과적이다. 단 식사를 할 때 업무나 불쾌한 일을 떠올리면 OFF로 전환되지 않는다. OFF 모드로 이끄는 식사 시간을 ON을 향한 준비시간으로 삼아보자.

스트레스가 심하면 교감신경이 작용한다. 그럴 때 울면 부교감신경의 기능으로 눈물을 분비해 스트레스 호르몬인 코르티솔을 몸 밖으로 배출해준다. 울고 나면 좀 개운해지는 것은 이 때문이다. 울고 싶을 때 억지로 참지 말고 눈물을 잘 흘리는 게 몸속 환경을 정비하는 데 효과적이다. 눈물은 생물이 환경에 적응해가는 방법 중 하나이다.

심호흡도 효과가 있다. 가능한 한 의식적으로 깊게 숨을 내쉬려고 하면서 호흡하는 것이 좋다. 가볍게 들이마시고 괴롭지 않을 정도로 천천히 길게 숨을 내쉰다. 숨을 내쉬면서 이를 의식해보기 바란다.

숨을 들이마실 때는 교감신경이, 내쉴 때는 부교감신경이 작동한다. 강한 분노를 느끼거나 스트레스를 심하게 받을 때 숨이 길게 내쉬어지지 않는 것을 느껴본 적이 있을 것이다. 면접 등으로 긴장한 나머지 허둥지둥할 때는 숨을 들이마시기만 할 뿐 느긋하게 숨을 내쉬지 못한다고 느낀 적은 없었나. 한편 뭔가를 해내고 안도한 순간 나도 모르게 '휴~' 하고 큰숨을 내쉬었던 적은 없었나. 이것은 교감신경이 우위에 있는 상태에서 부교감신경이 우위인 상태로 가는 계기가 된다.

폐뿐만 아니라 배에 공기를 불어넣듯이 들이마셔 가늘고 길게 숨을 내쉬듯이 집중해본다. 이러한 방법을 몸에 익히면 스트레스를 효과적으로 관리할 수 있다.

스트레스를 잘 관리하기 위한 힌트 15

부교감신경을 우위에 둔다

부교감신경은 에너지를 비축시키고 성과를 내기 위한 준비를 한다. 실눈을 뜨고 햇빛을 쬐거나 껌이나 사탕을 씹고, 식사에 집중하거나 힘들 때 시원하게 울고, 심호흡을 하는 등의 방법으로 부교감신경을 우위에 두는 것이 스트레스 관리에 효과적이다.

스트레스 관리

10

스트레스를
잘 관리하기 위해

여기까지 스트레스의 반응 메커니즘과 이로부터 생각해볼 수 있는 스트레스 관리법을 봐왔는데 마지막으로 한 번 더 살펴보고 넘어가자. 스트레스는 우리가 잘 살아가기 위해 무의식중에 기능하고 있다. 그렇지만 어떠한 시스템도 완벽하지는 않다. 때로 지나칠 때도 있다. 그렇다고 스트레스 구조가 악의 꼬리표를 달아야 될 정도의 대상인 것은 결코 아니다.

스트레스에 악의 꼬리표가 달려 있었던 건 스트레스를 애매하고 잘 모르겠고 불쾌하게 만드는 것으로만 인식해왔기 때문이다.

스트레스의 원리와 구조, 그리고 그 기능을 제대로 파악하고 나면 스트레스 반응을 학습 효율 및 생산성과 집중력을 향상시키는 방향으로 활용 가능하다. 이것이 스트레스의 본래 역할이기 때문이다.

오히려 적당한 스트레스는 우리에게 힘과 에너지를 준다. 살아가는 데에 필요불가결한 것이다.

하지만 의도하지 않은 스트레스, 과도한 스트레스, 만성적인 스트레스에는 주의가 필요하다. 마이너스가 되는 스트레스를 능숙하게 OFF 모드로 바꾸는 기술을 몸에 익혀 그로 인해 ON을 더욱 비약시키는 스트레스 관리법을 실현할 수 있기를 바란다.

CHAPTER 3

CREATIVITY

창의성

01

신경과학적
창의성

인간의 뇌를 세포와 분자 수준에서 풀어내는 학문인 신경과학은 창의성에 대해 얼마나 과학적으로 분석하고 있을까.

도대체 창의성을 어떻게 정의하고 어떻게 인식해야 할까. 창의성을 발휘하기 위한 대전제는 무엇이며, 창의성을 발휘하기 어려운 환경이란 어떤 것일까.

신경과학 분야에서 창의성에 대한 연구는 급증하고 있다. 그림 24를 보면 알 수 있듯이 2010년 이후로 창의성을 주제로 한 신경과학 논문 수가 급격하게 늘기 시작했다.

하지만 논문 수는 연간 약 100편 수준으로 아직 절대적으로 많지는 않다. 예를 들어 '모티베이션'에 관한 논문은 창의성의 9배 내지 10배에 이른다.

창의성의 본질에 다가가려면 뇌의 시스템을 알아야 하고 여기서 뇌의 세 가지 모드가 다시 등장한다. 다시 한번 간단히 확인하고 넘어가

그림 24 **신경과학 분야에서 창의성을 주제로 발표된 논문 수**

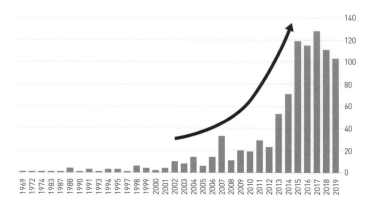

미국 국립생명공학정보센터의 검색 데이터베이스 PubMed®에서 'Neuroscience Creativity' 의 논문 검색 결과 수를 토대로 작성.

자. 첫 번째는 멍하게 있을 때처럼 무의식중에 작동하기 쉬운 '디폴드 모드 네트워크'다. 이 네트워크는 기억과 깊이 관련되어 있다. 두 번째는 의식적으로 대상을 주목하고 사고할 때 활용되는 '중앙 집행 네트워크'다. 그리고 마지막으로 이 두 가지 모드를 매개하고 전환하는 역할을 하는 '현출성 네트워크'가 있는데, 이 네트워크가 최근 큰 주목을 받고 있다.

창의성은 이 세 가지 모드 사이를 오가며 발휘된다.

02

창의성을 파악하기 위한
전제와 복잡성

신경과학의 거시적 관점과 미시적 관점

신경과학의 관점에서 창의성을 해명하기에 앞서 신경과학의 거시적 관점, 미시적 관점, 네트워크에 대해 간단하게 정리하고 넘어가자.

거시적 관점은 뇌 각 부분의 해부학적인 덩어리의 기능이나 역할을 중심으로 파악하는 시점이다. 예를 들어 뇌의 전전두피질에 있는 몇 개의 뇌 부위가 어떻게 기능하는지, 후두엽에 있는 다양한 뇌 부위에는 어떤 기능이 있는지, 50개 이상으로 나누어진 '브로드만 영역'이라 불리는 뇌의 피질 각각의 기능은 어떻게 상호작용하는지, 해마나 편도체는 어떤 기능을 하는지 등을 파악한다.

반면 미시적 관점은 신경세포나 신경교 세포 등 '뇌 속 세포 수준에서 어떤 일이 벌어지고 있는지'를 파악한다. 또한 세포보다 더 작은 분자 수준에서 일어나는 일들도 해명한다.

최근 거시적 관점과 미시적 관점으로 파악한 뇌의 다양한 기능들이 서로 네트

워크를 형성해 우리의 행동이나 감정과 사고를 움직이고, 창의성을 발휘한다는 사실이 밝혀지기 시작했다.

뇌 기능을 '시간축'에 따라 파악한다

최근 뇌를 가시화하는 기술의 진화에 따라 뇌를 시간축으로 파악하는 것이 가능해졌다.

지금까지는 시간을 '점'으로 표시한 데이터를 기본으로 뇌를 분석했다. 하지만 뇌 기능은 시간에 따라 변해가기 때문에 점으로는 정확한 분석을 할 수 없다.

과학 기술의 발달로 뇌 상태를 볼 수 있는 기술도 진화를 거듭하면서 창의성을 표출시키는 다양한 조직, 기능, 시스템이 시간에 따라 변해가는 모습을 포착할 수 있게 되었다.

또한 시간을 메타 관점에서 파악하는 것도 중요하다. 순간순간 변해가는 창의성을 포착하는 것도 중요하지만, 변화와 반응에 따라 새겨지는 기억은 시간이 지남에 따라 변하면서 창의성에 큰 영향을 미친다. 기억은 단순히 추상적인 개념이 아니라 뇌에 존재하는 신경세포의 물리적인 변화로 설명할 수 있다. 그것을 새로운 관점으로 재해석해보자. 이때 신경과학에서 많이 쓰이는 '기억 흔적 모델'이 이해를 도울 것이다.

그림 25 신경과학이 창의성을 바라보는 시점

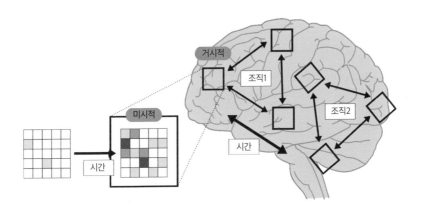

그림 25에 있는 작은 사각형은 각각이 기억되는 신경세포의 세포군이다. 그 사각형의 농도는 기억 상태의 강약을 나타낸다. 옅으면 기억의 정착 정도가 낮고, 진하면 기억의 정착 정도가 높다는 뜻이다. 진하면 미엘린 수초나 수용체 등의 물리적 구조가 변화해 에너지 효율이 높은 신경세포군이 된다. 에너지 효율이 높은 신경세포군을 잘 활용하는 것은 복잡하고 분산적인 창의성의 발휘에 필수적이다. 이 농담은 반복적인 사용으로 변화를 거치면서 창의성에 커다란 영향을 미친다.

뇌의 해부학적인 위치와 그에 따른 구조를 3차원적으로 포착하는 것과 더불어 시간축에 입각해 4차원적으로 뇌를 포착하는 것이 창의성의 새로운 관점으로 주목받고 있다.

하지만 뇌의 활동 상태를 3D로 볼 때 단순히 활성화된 것만 봐서는 안 되고 어떤 뇌 부위가 비활성화되어 기능이 억제되어 있는지도 봐야 한다. 게다가 4D에 관해서는 시간축을 점에서 선으로 바꾸는 것뿐만 아니라 시간이 지나면서 기억에 새겨진 기억 흔적, 즉 기억의 농담도 포착할 필요가 있다.

창의성은 여러 가지 뇌 기능과 복잡하게 연관되어 있다

그림 26은 2016년에 발표된 창의성에 관한 논문을 토대로 그린 그림이다.[24] 두 피아니스트가 각각 다른 지시사항을 보고 피아노를 쳤을 때 뇌의 상태를 연구한 것이다.

A는 악보대로 쳤을 때, 즉 피아노 건반을 의식해서 연주하는 상황임을 알 수 있다. 반대로 B는 악보대로 치기보다 슬픔이나 기쁨 등의 특정 감정을 표현하는 것에 주안점을 두고 있다. 연구는 똑같이 피아노를 치는 행위라도 그것을 의식하는 방법에 따라, 말하자면 마음을 담고 있는지 여부에 따라 사용되는 뇌의 양상이 다른지를 관찰했다. 결과는 사용되는 뇌의 영역에 큰 차이를 보였다.

같은 피아니스트가 같은 곡을 연주한다고 해도 정해진 곡을 정해진 대로 연주할 때와 창의성을 발휘해서 연주할 때 사용되는 뇌 부위는 서로 다르다. 그렇다면 창의성을 발휘할 때 어떤 뇌가 어떻게 쓰이는 것일까.

그림 26

그림 27은 같은 논문에서 인용한 것으로 왼쪽에서 오른쪽을 향해 2초, 4초, 6초, 8초로 시간축이 새겨져 있다. 뇌 속에서 창의적인 정보처리를 하고 있을 때 어떤 뇌 부위가 사용되는지 시간축에 따른 변화를 관찰한 연구이다.

1장에서 언급한 모티베이션은 보상회로라 불리는 뇌 구조를 중심으로 다양한 시스템이 서로 관여하지만 창의성은 다양한 뇌 부위들 각각이 시간이 지날수록 중심을 변천시키면서 다른 시스템과 복잡하게 연결되어 기능한다.

이러한 복잡성 때문에 창의성은 어딘지 모르게 추상적이고 종잡을 수 없으며 선천적으로 타고나는 것으로 여겨졌다. 복잡한 뇌 기능을

그림 27 **시간축에 따라 변화하는 뇌의 활동 부위**

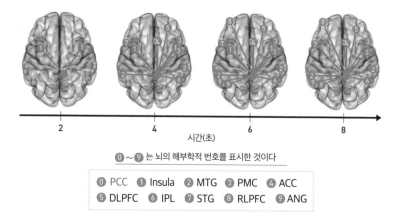

시간(초)

⓪ ~ ⑨ 는 뇌의 해부학적 번호를 표시한 것이다

⓪ PCC ① Insula ② MTG ③ PMC ④ ACC
⑤ DLPFC ⑥ IPL ⑦ STG ⑧ RLPFC ⑨ ANG

Beaty, R. E., Benedek, M., Silvia, P. J., & Schacter, D. L. (2016). Creative Cognition and Brain Network Dynamics. *Trends in Cognitive Science*, 20(2), 87-95 을 토대로 작성. 선 아랫부분은 저자가 기재.

우발적으로 계속 활용할 수 있었던 사람이 우발적으로 높은 창의적인 능력을 갖추고 그 힘을 발휘했다고 보는 것이다.

하지만 언뜻 보기에는 동일해 보이는 행위라도 창의성을 발휘하고 있는지 그렇지 않은지에 따라 뇌의 사용법에 차이를 보였다. 그렇게 되면 우연의 산물로 여겨지던 것이 '창의적인 능력을 발휘하기' 위한 필연이 된다. 창의성을 자극하는 뇌의 구조를 알아내면 의식적으로 창의성을 높이기 위한 힌트를 얻을 수 있다.

창의성을 높이는 힌트 1

창의성은 복잡한 시스템이라는 것을 이해한다

창조하는 뇌는 실재한다. 하지만 창의성은 뇌의 복잡한 시스템이 작용한 결과이기 때문에 이를 함양하는 데는 더 많은 에너지와 시간을 필요로 하고, 변화를 실감하기도 어렵다. 우선은 변화한다는 것을 알고, 다면적인 뇌 속 변화(성장)를 의식해보자.

03

인간의 뇌와
인공지능

창의성을 포착하기 위해서는 일단 뇌가 정보를 처리하는 방식에 대해 알아야 한다. 요즘 인간의 뇌를 인공지능과 비교하는 경우가 많은데 정보 처리의 관점에서 간단하게 양자의 성질을 정리해보고자 한다.

도서관 책장과 책상을 컴퓨터의 기능과 비교해 살펴보자. 책장이 하드 디스크 드라이브HDD라면 책장의 정보를 책상으로 가져와 처리하는 것은 랜덤 액세스 메모리RAM(Random Access Memory)이다. 책상이 넓으면 넓을수록 많은 책을 올려놓고 정보를 얻을 수 있다. 이 사이에서 여러 가지 처리를 해주는 것이 중앙처리장치CPU(Central Processing Unit)다. 이를 보면 확실히 인간의 뇌와 닮은 부분이 많이 있다.

컴퓨터의 HDD에 해당하는 것이 바로 우리의 신경세포에 저장되는 기억이다. 그 기억을 활성화시켜 단기적으로 뇌에 기억을 저장시키는 '작업 기억Working Memory'은 컴퓨터의 RAM과 일치한다.

아무런 예고도 없이 누군가에게 '3, 4, 5, 4, 2, 1' 하고 숫자를 얘기하면 몇 초 동안은 그 수열을 기억할 수 있다. 하지만 1시간이 지나면 기억이 가물가물하다. 이 단기적인 기억을 작업 기억이라 부른다. 우리가 사람들과 대화를 나눌 수 있는 것은 작업 기억이 있기 때문이다. 작업 기억이 없으면 상대방이 말한 내용을 기억할 수 없고 그에 대한 대답도 할 수 없어 대화 자체가 성립하지 않는다. 작업 기억은 창의성을 얘기하기 데 빠져서는 안 되는 뇌 정보 처리 시스템이기 때문에 좀더 자세히 살펴보고자 한다.

작업 기억은 장기 기억의 일부다

뇌의 어느 부위에 순간적으로 들어온 정보를 단기적으로 유지하는 기능을 작업 기억이라 한다. 다시 말해 작업 기억은 뇌의 특정 부위가 순간적으로 어떤 정보를 저장하는 구조로 설명되어왔다. 이는 심리학 분야에서 두드러졌다.

하지만 그런 뇌 부위는 실제로 발견되지 않았다. 자연과학적으로도 그런 현상은 설명할 수 없었다. 하지만 과학 기술이 발달함에 따라 신경과학을 비롯한 다양한 학문 분야들에서 작업 기억이라는 현상에서 볼 수 있는 단기적으로 기억을 유지하는 구조를 해명하기 시작했다. 이때 유력한 이론 중 하나가 작업 기억은 장기 기억의 일부라는 설이다.[25]

작업 기억이 단기 기억임에도 불구하고 장기 기억의 일부라는 말에

그림 28 **뇌와 컴퓨터**

어리둥절할 수도 있다.

앞서 숫자 기억의 경우로 설명해보자. 단기적으로 정보를 유지하는 뇌 부위가 있다고 하자. 그렇다면 '3, 4, 5, 4, 2, 1'로 나열된 숫자를 '삼, 사, 오, 사, 이, 일'로 발음하든 아랍어로 '쌀라싸, 아르바아, 캄사, 아르바아, 이쓰난, 워히드'로 발음하든 당연히 기억으로 간직할 수 있어야 한다. 하지만 실제로는 어떠한가. 아랍어는 발음이 생소해서 기억을 10초도 유지하기 어려울 것이다. 단기적으로 특정 뇌 부위에 저장한다는 모델로는 이런 현상을 설명할 수 없다. 반면 우리말 숫자 발음은 장기 기억으로 유지되어 있는 정보로 익숙하기 때문에 아랍어

숫자 발음보다는 오래 기억으로 남아 있을 수 있다. 작업 기억이란 장기 기억에서 호출해 순간적으로 각각의 기억을 활성화함으로써 뇌에 정보를 플로우시키는 구조라고 설명할 수 있다. 반면 아랍어에 익숙하지 않은 사람이 아랍어로 발음된 숫자들을 들으면 일부 발음은 다른 맥락에서 학습해 몇 초는 유지될지 모르지만 숫자 발음으로 장기 기억화되어 있지 않기 때문에 단기적으로도 저장이 불가능하다. 이런 점에서 작업 기억은 장기 기억의 일부라는 설명이 유력시되고 있다.

즉 숫자 발음은 장기 기억을 활성화시킨 상태가 지속되는 동안 그 연장선상에서 단기 기억으로 표현되는 것이다. 반대로 활성 상태가 진정되면 순간적인 장기 기억의 연속성이 단절되면서 단기 기억도 사라진다.

인공지능과 뇌의 차이

컴퓨터의 RAM은 단기적으로 처리하는 정보를 취급한다는 점에서 뇌의 작업 기억과 표면적으로는 기능이 일치한다. 저장하는 공간이 따로 존재한다는 낡은 작업 기억 이론과도 얼추 들어맞는다.

그러나 몇 년 전에 나온 새로운 가설에 따르면 작업 기억은 RAM과 유사하다고 볼 수 없다. 작업 기억은 책상처럼 따로 저장 공간이 있는 것이 아니라, 오히려 기억들의 보고와도 같은 책장에서 바로 필요한 책을 펼쳐보는 상태에 가깝다. 인공지능과 인간의 뇌는 정보를 처리하는 방법에서 결정적으로 다르다. 인공지능은 마치 도서관에서 해당하는 주제의 책들을 책상에 모아놓고 작업하는 사람과 같으며, 인간의 뇌는 도서관 책장에서 해당 주제와 관련되어 보이는 책을 손에 들고 서서 읽거나 책장 주변의 다른 책들에 정신이 팔려 좀처럼 책상으로 돌아오지 못하는 사람과 같은 정보 처리 방식을 갖고 있다.

이러한 정보 처리 방식은 창의성에 큰 영향을 미친다. 이제부터 자세히 살펴보겠지만, 인공지능과 인간의 뇌는 언뜻 비슷한 정보 처리 방식을 갖고 있는 것처럼 보이지만 사실 큰 차이가 있다. 그 차이점을 몇 가지 살펴보면 우리 뇌의 위대함과 가능성, 잠재력이 조금씩 보일 것이다.

인간의 뇌는 0과 1만으로 정보 처리를 하지 않는다

일반적으로 인공지능은 인간의 뇌를 모방해 만들어지는 것으로 인식되고 있다. 이런 인식을 바탕으로 인공지능과 인간의 뇌를 더 쉽게 동일시하고 있다. 하지만 모방했다고 해서 같은 것이 되지는 않는다. 그렇게 간단히 같아질 수는 없다.

뇌의 신경회로를 모방한 공학적 정보처리네트워크인 '뉴럴 네트워크neural network'도 있다. 이에 대한 평가가 높아지면서 혼란은 더욱 가

중되고 있다. 하지만 뉴럴 네트워크 모델을 분석해보면 신경세포에 들어온 인풋과 아웃풋 신호를 0과 1로 표현하고 있는 것이 많다.

이 모델은 한편으론 확실히 옳다. 디지털은 이진법이기 때문에 신경세포의 정보 방식을 '0'과 '1'로 부호화함으로써 '신경세포가 활동 상태인지 아닌지'를 치환한다. 그런 상태가 가시화되어 패턴으로 해석되면 1천 수백억 개에 이르는 신경세포의 정보 처리 패턴이 뻔하기 때문에 정보 처리면에서는 인공지능이 압도하는 것처럼 보인다.

그러나 그것은 지나치게 단편적인 생각이다. 신경세포의 정보 처리 방식은 0과 1만으로 부호화할 수 없기 때문이다. 신경세포의 활동이나 작용을 세포와 분자 수준에서 보면 한 개의 신경세포가 무한히 많은 일을 하고 있음을 알 수 있다. DNA의 발현에서부터 새로운 단백질의 합성, 수송기구나 이온채널의 조정 등 아직도 알려지지 않은 미지의 영역을 포함해 무한의 구조들이 존재하기 때문에 이를 단순히 '0과 1'만으로 표현할 수 없다.

또한 인간의 뇌는 상당히 모호하기 때문에 재현성이 낮은 반면 인공지능은 한번 학습한 것의 재현률이 지극히 높다. 이런 점도 인간의 뇌와 인공지능의 큰 차이라고 할 수 있다. 뇌는 일정한 자연 과학적인 규칙에 기초해 있지만 아직까지 그 규칙은 누구도 풀지 못했다. 인간의 뇌는 아직 정확하게 규명되어 있지 않기 때문에 불분명한 점이 많이 존재한다. 하지만 재현성이 낮으면서도 일부를 재현할 수 있는 애매한 재현성이 인간이 가진 뇌의 흥미로운 점이라고 할 수 있다.

인간 뇌의 정보 처리

우리 뇌는 확실히 언어적인 정보 처리나 숫자를 이용한 부호적인 처리를 효율적으로 실행한다. 하지만 비언어적이고 부호로도 나타낼 수 없는, 어떤 말로도 표현할 수 없는 감각지感覺知적인 정보도 처리한다.

우리는 뇌가 신경세포(뉴런)로 이루어져 있다고 알고 있지만 뇌에서 신경세포가 차지하는 비율은 10퍼센트 정도에 불과하다. 신경세포 말고도 신경아교세포처럼 신경세포에 영양분을 제공하는 세포들도 있다. 신경세포는 이 세포들과 직접적으로 정보를 주고받는다. 그 상호작용을 무시하고 신경세포의 유한성에만 의거해 인간의 뇌를 한정짓는 것은 나무만 보고 숲을 보지 못하는 것과 같다.

더욱이 신경세포는 뇌 속에만 존재하는 것이 아니다. 신경세포는 온몸으로 뻗어 나와 서로 소통하고 있다. 외부에서 오는 정보와도 소통하는데, 극단적으로 말하면 세계와 소통한다고 할 수 있다.

신경세포는 다양한 정보 처리의 중추이다. 인간의 뇌는 온몸에서 보내온 정보와 외부에서 들어오는 정보의 간섭을 크게 받는다. 배고픔의 신호, 졸음의 신호, 좋고 나쁨의 신호 등 내부 환경에 따라 정보 처리 방식이 크게 변하는 것은 물론이고 춥다, 덥다, 냄새가 좋다, 매력적이다, 상사의 눈 밖에 났다 등의 외부 정보에 따라 신경세포의 정보 처리 방식이 바뀐다.

즉 인간의 뇌는 안팎으로 간섭을 받기 쉬운 특징을 갖고 있다. 이 점에서 인간의 뇌는 성능이 일정한 기계와 큰 차이가 있다. '어느 쪽이 더 우월한가'를 따지려는 것이 아니다. 각각은 전혀 다른 별개의 것으로 장단점을 갖고 있다.

인간의 뇌와 인공지능은 전혀 별개의 것이다

내부 환경이나 외부 환경으로부터 받는 간섭은 하나의 예에 불과하지만 인간의 뇌와 인공지능에는 근본적인 차이가 존재하며 각각의 장점과 단점도 다 다르다. 그렇기 때문에 완전히 이질적인 것을 비교 대상으로 삼는 것은 시대착오적이라 할 수 있다. 각각의 강점을 어떻게 살리고 약점을 보완하며 공존해 함께 진화해나갈지 고려하는 것이 더 건설적이다.

인간의 뇌와 인공지능이 완전히 이질적인 것이라고 단언할 수 있는 근거로 원래 생성 기본 물질이 다른 점을 들 수 있다.

무기물인 기계나 인공지능과 유기물인 우리 생물이 할 수 있는 일이 서로 다른 것은 당연하다. 생물은 말 그대로 살아 있는 것이기 때문에 방치하면 부패한다. 그래서 생물은 썩지 않게 하기 위한 구조나 대사 구조를 갖고 있다. 유기체로서 새로운 생명을 낳을 수도 있다.

사물을 인식하는 방법이나 학습 방법도 다르다. 뇌에 저장된 정보는 유연성이 있는 반면에 불안정하며 모호한 측면도 있다. 정보의 저장

그림 29 **뇌와 컴퓨터의 차이**

	인공지능	인간의 뇌
정보처리	0 · 1 / 획일적 변화	0〜1 / 다면적 변화
학습 재현성	높다	낮다
다양성	낮다	높다
환경 간섭도	낮다	높다
생성물질	무기물	유기물
특성	정확성 · 불변성	애매성 · 불확실성
기억	언어 / 부호	비언어 + 언어 / 부호

방식이 생물로서의 유동성에 맞춰져 있는 이상, 정보를 인출하거나 인출되는 방식에 모호성, 불확실성, 우발성, 환경 의존성과 같은 다양한 요인들이 관여한다. 또한 유기체가 정보를 처리하는 에너지는 단위가 엄청나게 작다. 인간 뇌의 불안정성이야말로 인공지능처럼 학습할 수 없는 이유이기도 하지만 흥미로운 점도 있다.

인공지능은 어느 특정한 일면적인 정보 처리 방식을 벼리는 데 능하다. 즉 어떤 특정 방면에서 인간의 처리 능력을 훌쩍 넘어선다. 바둑도 눈 깜짝할 사이에 최고수를 제치고 승리하는 수준에 도달했다. 하지만 알파고는 수평선에 깔린 붉게 물든 석양을 바라보며 그 아름다움과 감동을 느낄 수 없다. 아름다움과 감동이라는 '이름'을 붙일 수 있을지는 몰라도 그 반응을 끌어내지는 못한다. 왜냐하면 아름다움에 감동하는 반응의 대부분이 신경세포에서 합성된 단백질을 중심으로 한 신경전달물질이나 이를 받아들이는 수용체의 반응에 따른 것이기 때문이다.

인공지능과 뇌는 모방한다는 측면에서는 같아도 본질적으로는 이질적이며 각각의 강점도 다르다. 신경과학을 통해 뇌에 대한 이해가 더 깊어지면 그 차이가 더욱 극명하게 드러날 것이다. 인류는 그러한 강점을 극대화시키는 방향으로 나아가며 인공지능은 그 강점을 인류에게 환원하도록 작용할 것이다.

인간 뇌의 불확실성이 창의성을 낳는다

인류가 가진 뇌의 특징이자 강점은 학습 방식의 모호성이나 불확실성에 있다. 학습한 내용의 처리 방식이 모호하고 불확실하며 안팎으로 영향을 크게 받는다. 그리고 생물인 뇌가 가진 애매성, 비재현성, 근사적 인식, 다면적인 변화, 안팎의 간섭이라는 유동적인 정보와 정보 처리가 창의성을 발휘하는 데 중요한 역할을 한다. 따라서 우리 뇌가 애매하고 불확실한 정보를 어떻게 처리하는지 이해하고 수용하는 것이 창의성을 기르기 위한 첫걸음이다.

물론 학습하고 싶은 내용을 정확히 이해하는 일도 중요하다. 애매모호한 학습이나 기억은 비판의 대상이 되기 쉽기 때문이다. 하지만 그것만으로는 우리 뇌가 가진 잠재력을 최대한으로 활용하고 있다고 볼 수 없다. 때로는 기억의 착오나 거대한 착각을 즐기는 일이 앞으로의 시대에서는 중요해질 것이다. 오히려 그것이야말로 차세대 뇌 사용법이라고 할 수 있을지도 모른다.

창의성을 높이는 힌트 2

불확실한 뇌를 즐긴다

생물인 뇌가 갖고 있는 애매성, 비재현성, 근사적 인식, 다면적 변화, 안팎의
간섭이라는, 항상 '흔들리는 정보와 정보 처리'가 창의성의 발휘에 일조한다.
따라서 불확실성(애매함, 착각, 의도하지 않은 것 등)을 이해하고 받아들이는
것이 창의성을 키우는 첫걸음이다.

신경과학 지식으로
창의성을 높인다

2013년에 발표된 「창의성의 신경과학을 창의성 훈련에 응용하는 문제Applying the neuroscience of creativity to creativity training」[26]라는 논문에는 일군의 대학원생들이 창의성 테스트를 받았을 때의 데이터가 실려 있다.

테스트는 학생들을 A와 B 두 그룹으로 나누어 A그룹에 속한 학생들에게는 창의성을 높이기 위한 일반적인 교육을 시킨 후 창의성을 측정하는 테스트를 받도록 했고, B그룹에 속한 학생들에게는 신경과학적인 창의성에 관한 강의를 듣고 나서 테스트를 받도록 했다.

어떤 결과가 나왔을까? 신경과학의 창의성에 관한 강의를 들은 학생들의 점수가 통계적으로 유의미하게 높게 나왔다. 이 연구 결과는 신경과학 지식을 과학과 접목해 제대로 이해하는 것이 창의성을 키우는 데 한몫하고 있음을 시사한다. 창의성이라는 종잡을 수 없는 능력에 뇌가 어떻게 쓰이는지 알게 되면 그 능력을 의식적으로 발휘하기가 한층 쉬울 터이기 때문이다.

어떻게 하면 자신의 능력을 발휘할 수 있을지 모르는 일에 사람들은 적극적인 태도로 임하지 못하기 마련이다. 지금까지는 그 행위를 좋아하고 잘하는 일부 사람이 창의성 발휘에 필요한 뇌를 우연히 활용해온 것에 지나지 않았다. 하지만 창의성을 발휘하기 위한 뇌 구조를 깊이 있게 알고 나면 모호함을 싫어하는 뇌의 특성에서 벗어나 창의성을 좀 더 적극적으로 활용할 수 있다.

물론 신경과학적 지식이 쌓인다고 해서 저절로 창의성이 높아지지는 않겠지만 포착할 수 없고 경험치에 의존해온 자료가 많았던 창의성에 과학적인 견해가 부여되는 것은 큰 전진이다. 지금까지 경험으로 축적돼온 행위들에 의미가 부여되면서, 행동이나 생각 지침들이 분명해진다. 자신감을 갖고 창의성을 발휘하기 위한 행동을 취하는 데 확실히 도움이 된다.

여러분도 멍하니 있을 때 뭔가 번득이는 아이디어가 떠오른 경험을 한 적이 있을 것이다. 하지만 진짜 멍때리는 게 좋은지는 확신이 안 섰을 것이다. 오히려 업무 중에 멍때리고 있다고 주변사람들로부터 질책을 받았을지도 모른다.

하지만 신경과학의 관점에서 창의성을 보면 멍때리는 뇌의 쓰임이 중요하다는 것을 알 수 있다. 그렇다고 단순히 멍때린다고 되는 것은 아니다. 멍때리는 감각이 뭔지를 신경과학적으로 이해하고, 이를 잘 활용하면 창의성을 키울 수 있다.

창의성이 발휘될 때 내부 환경에서 일어나는 변화를 부감적으로 파악하는 현출성 네트워크를 잘만 활용하면 뇌 처리에 재현성을 부여하면서 창의성을 효율적으로 함양시킬 수 있다.

신경과학적으로
창의성을 포착하다

사전은 창의성을 '신기하고 독자적이며 생산적인 발상을 낳는 것, 혹은 그 능력'이라고 정의하고 있다.

하지만 신경과학 분야에서는 아직까지 창의성에 대한 명확한 정의가 없다. 오히려 신경과학의 관점에서 창의성을 정의하기는 그 복잡성 때문에 쉽지 않다. 연구 맥락에서는 '새롭고 가치 있는 정보(자극)를 발휘하는 능력'을 창의성으로 삼고 있다.

뇌가 새로운 것과 낯익은 것에 보이는 반응은 전혀 다르다. 새로운 것이냐 그렇지 않은 것이냐의 차이는 뇌에 흔적이 있느냐 없느냐의 차이다.[27]

눈앞의 대상이 나에게 가치가 있는지 판단하기 위해서는 뇌가 우선 학습 과정을 밟아야 한다. 우리 뇌는 뭔가를 보고 바로 '좋다', '아름답다', '예쁘다'라고 느끼지 않는다. 그렇게 느낄 수 있는 뇌로 학습된 뒤에야 비로소 그렇게 느낄 수 있다.

학습 과정에 소요되는 시간은 상황에 따라 다르다. 어떤 그림을 보고 '이런 게 도대체 어디가 좋은 거야?'라고 느끼던 사람이 어느새 '정말 멋지네'라고 느끼게 되기까지는 시간이 걸린다. 뇌 속에서 시간축에 따라 가치를 판단하는 기억이 축적되면서 비로소 가치를 느낄 수 있게 되기 때문이다.

창조 과정과 평가 과정을 나누어 생각한다

그림 30을 한번 보자. 비가 와서 와이퍼를 작동시키고 있다. 도로는 정체되어 있다. 이 그림을 보고 어떤 사람이 다음과 같은 아이디어를 떠올렸다고 가정해보자.

'비가 내리면 운전자는 기본적으로 와이퍼를 작동시킨다. 그렇다면 와이퍼의 움직임만 감지해도 보다 정확한 날씨 상태를 알 수 있지 않을까.'

확실히 비가 많이 내리고 있다면 거의 100퍼센트 가까운 확률로 와이퍼를 작동시킬 것이다. 부슬비 정도라면 와이퍼를 작동시키는 사람도 있지만 그렇지 않은 사람도 있을 수 있다. 비가 안 오면 윈도우 워셔를 쓰는 경우를 빼고 와이퍼를 쓰는 사람은 없을 것이다. 와이퍼의 감지만으로 강수 여부뿐만 아니라 내리는 비의 강수율까지 꽤 높은 정확도로 판별할 수 있다.

"기막힌 아이디어야. 기술만 접목시키면 완전히 새로운 일기 예보가

그림 30

가능할지 몰라."

　이렇게 말하는 사람에게 당신이라면 어떻게 말을 건넬 것인가.

　"참신하고 멋진 아이디어네요!"

　"아니, 차가 별로 없는 곳은 정확도가 너무 떨어지는 거 아니야?"

　"그런 아이디어는 오래전에 이미 나온 거라고."

　이처럼 누군가가 아이디어를 냈을 때 온갖 칭찬과 비판이 쏟아지는 것은 일상적으로 볼 수 있는 풍경이다. 하지만 이 과정에서 '아이디어를 내는 사람'과 '아이디어를 평가하는 사람'의 입장을 구분해서 이해할 필요가 있다.

이 일련의 과정은 두 가지 과정으로 나뉜다. 하나는 어떤 사람이 아이디어를 내는 '창조 과정'이고 다른 하나는 그에 대해 칭찬하거나 비판하는 '평가 과정'이다. **창조 과정과 평가 과정은 활용하는 뇌 부위가 다르다.** 비평은 잘해도 뭔가를 만들어내는 소질은 없는 사람도 많고 반대로 창조는 잘하지만 비평에는 소질이 없는 사람도 많다.

대부분의 경우 창조 과정은 창조 주체자가 담당하고 주체자가 만들어놓은 것에 대한 평가는 타자가 수행하는 경우가 많다. 하지만 창조 주체자가 평가 과정을 직접 수행하는 경우도 있다. 이를 바탕으로 창조 주체자가 만들어낸 창조물에 대한 평가 방법을 네 가지 경우로 분류한다.

창조자에게 새롭고 가치 있는 것을 만들어내는 경우는 다시 두 가지로 나뉜다. 많은 경우는 당사자에게만 새로울 뿐 다른 사람에게는 새롭지도, 가치 있어 보이지도 않는 경우다. 하지만 드물게 창조자 본인이나 다른 사람 모두에게 새로우면서도 값진 것이라는 평가가 나오는 경우도 있다.

창조자에게 새롭지도 않으면서 가치도 없는 경우는 다시 두 가지로 나뉜다. 대개는 창조자나 다른 사람이나 새로움도 가치도 없다고 평가하는 경우다. 하지만 드물게 창조자 본인에게는 새롭지 않고 당연한 것이 다른 사람에게는 다른 맥락에서 새롭고 가치 있는 것으로 비춰질 수도 있다.

창조자가 보는 눈과 평가자가 보는 눈은 처리하는 뇌나 과정이 다르

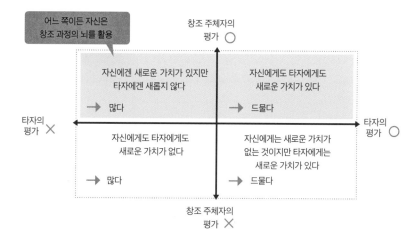

그림 31 **창의성과 평가**

어느 쪽이든 자신은
창조 과정의 뇌를 활용

창조 주체자의
평가 ○

자신에겐 새로운 가치가 있지만
타자에겐 새롭지 않다

→ 많다

자신에게도 타자에게도
새로운 가치가 있다

→ 드물다

타자의
평가 ✕

타자의
평가 ○

자신에게도 타자에게도
새로운 가치가 없다

→ 많다

자신에게는 새로운 가치가
없는 것이지만 타자에게는
새로운 가치가 있다

→ 드물다

창조 주체자의
평가 ✕

기 때문에, 이를 나누어서 살펴봐야 한다. 그래야 새롭고 가치 있는 창작물을 더 쉽게 발견할 수 있다. 창의성을 함양하는 데는 창조하는 주체자에게 새롭고 가치 있는 것을 만들어내는 뇌의 정보 과정과 창조 과정이 관건이다.

다른 사람에게 새로우면서도 가치 있는 것을 만들어내기란 쉽지 않다. 본인이 뇌에서 정보의 창조 과정을 수행하고 있더라도 제3자의 평가 과정에 의해 그 과정이 가로막히는 경우를 볼 수 있다. 그 점에 대해 다시 한번 깊이 생각해보자.

주위 평가에 상관없이 자신에게 새로운 것을 만들어낸다

고심 끝에 와이퍼와 관련한 아이디어를 냈는데 그것이 내게 새롭고 가치 있는 것이라면 나는 창의성을 발휘하기 위한 뇌를 사용한 것이다. 하지만 이를 평가하는 제3자가 '그것은 새롭지도 않고 가치도 없어'라고 말했다고 해보자. 확실히 제3자에게는 새롭지도 않고 가치 있는 것이 아닐 수도 있다. 하지만 나의 뇌 속에 창의성을 발휘하는 부위가 활성화되어 있다는 점엔 변함이 없다. 창조 과정과 평가 과정을 나누어서 생각하는 이유는 바로 여기에 있다.

가령 학교 미술 수업 시간에 정작 본인은 새롭고 참신한 그림을 그렸다고 생각했는데 선생님이나 친구들로부터 '감각이 별론데', '이렇게 하는 게 더 좋겠어' 같은 말들을 듣게 되는 경우를 생각해보자. 주체자로서 창조적이고 새로운 가치가 있는 것을 만들어냈다 하더라도 '새롭지 않아', '가치가 없어', '다들 알고 있어' 등의 피드백을 받으면 그림을 그릴 의욕을 잃을 수 있다. 상황에 따라서는 자신의 뜻과는 반대로 그림을 무난하게 그리려는 습관이 몸에 밸 수도 있다.

주체자가 창조 과정의 뇌를 활용했다 하더라도 부정적인 피드백을 받게 되면 모티베이션이 떨어지면서 창조 과정의 뇌 부위도 더 이상 활성화되지 않는다.

창의성을 키우기 위한 마법 같은 것은 없다. 얼마나 창의적인 뇌를 활용하고 뇌의 창조 과정을 활용해갈지, 그리고 이를 얼마나 지속할 수 있을지가 창의성을 높이는 관건이기 때문에 남에게 저평가당했고 그만두지 않는 자세가 필요하다.

원래 새롭고 기발한 아이디어를 떠올리기란 어려운 법이다. 많은 사람들에게 가치 있는 것을 만들어내는 것은 결코 쉬운 일이 아니다. 창의성을 선천적으로 타고나는 것으로 생각하는 것은 그만큼 새롭고 가치 있는 것을 만들어내는 일이 지난하고 주변으로부터 부정적인 피드백에 노출되기도 쉽기 때문이다. 조금만 어렵다 싶으면 하고 있는 일을 포기하게 되고 그러다 보면 점차 창의적인 뇌 부위의 활용 빈도도 떨어지게 된다.

창의적인 뇌를 키우려면 무엇보다 다른 사람의 부정적인 평가를 대수롭지 않게 받아넘기는 능력을 길러야 한다. 다른 사람의 평가에 휘둘리지 않으면서 자신에게 새롭고 가치 있는 것을 끊임없이 생각하고 만들어내야 한다.

그런 점에서 교육자나 상사 등 평가자 측의 역할도 새롭게 다시 파악할 필요가 있다. 누구에게나 새로우면서 가치 있는 창의적인 것은 쉽게 만들어지지 않는다. 평가자는 이 점을 객관적으로 바라본 뒤 창조 주체자가 창의성을 발휘할 수 있는 환경을 계속 제공하도록 해야 한다.

창조 과정의 뇌는 매우 복잡한 과정을 거친다. 습득도 용이하지 않다. 매일 반복하고 또 반복해야 한다. 그러기 위해서는 창조 주체자들이 적극적으로 창조 과정을 지속해나갈 수 있도록 환경을 조성하고 격려의 말을 해줄 필요가 있다. 또한 **창조하는 당사자가 스스로 언어화할**

수 없는 새로움을 발견해내거나 본인에게 무엇이 새롭고 가치 있는지 끝까지 탐구할 기회를 창출해야 한다.

지금까지의 논의를 바탕으로 다시 정의하자면 **창조란 주위 평가와는 상관없이 본인에게 새롭고 가치 있는 정보와 자극을 뇌 속에서 만들어내는 과정을 말하며, 그러한 능력을 창의성이라 한다.**

창조하는 주체자가 '창조하는 뇌'를 사용하는 것이 무엇보다 중요하다. 주변의 평가나 평가자가 생각하는 새롭고 가치 있는 것에 얽매이지 말고 창의성을 높이고 싶은 본인에게 새롭고 가치 있는 것이면 된다. 그것이 창의적인 뇌를 키우기 위한 첫걸음이라 할 수 있다.

물론 여기에는 위험도 내포되어 있다. 인간의 모티베이션에서 타자의 평가가 차지하는 비중은 매우 크다. 많은 사람들에게 새롭고도 가치 있는 것을 만들어내기가 쉽지 않기 때문에 부정적인 피드백을 받을 확률이 크고 그러다 보면 본인의 모티베이션이 저하될 수 있다. 그렇기 때문에 자기 자신이 느끼는 새로움과 타인이 내리는 평가를 나누어 생각하는 것이 필수다.

창의성을 높이는 힌트 3

타인의 평가에 얽매이지 않는다

평가자가 생각하는 새로움이나 가치에 얽매이지 않고 창의성을 높이려는 본인에게 새롭고 가치 있는 것을 뇌 속에 만들어낼 수 있는지를 판별한다.

함부로 타인을 평가하지 않는다

누구에게나 새롭고 가치 있는 것을 만들어내기란 쉽지 않은 일이다. 창조적인 뇌를 키우려고 해도 평가자들이 새롭고 가치 있는 것으로 인정해주지 않으면 의욕이 사라질 수 있다. 결과적으로 창조 행위를 멈추게 되면서 창의력 향상에 제동이 걸릴 수 있다.

창의성을
발휘하기 위한 대전제

심리적 안전 상태를 만든다

창의성을 발휘하기 위한 첫 번째 전제 조건은 '심리적 안전 상태'를 유지하는 것이다.

그림 32를 보자. 오른쪽 뇌와 왼쪽 뇌는 스트레스를 받은 정도가 다르다. 왼쪽 뇌는 심리적 안전 상태에 있으며 스트레스가 적당한 상태를 나타낸다. 오른쪽 뇌는 심리적 위험 상태로 스트레스 과잉 상태다. 이때 편도체가 과잉 활성화한다. 그로 인해 전전두피질이 기능을 상실한다.

특히 배외측 전전두피질dl PFC과 전극측 전전두피질rl PFC은 창의성 발휘에 핵심적인 뇌 부위로, 이 부위들의 기능이 상실되면 뇌 속에서 여러 가지 정보를 플로우시키는 작업 기억이 제 기능을 할 수 없게 된다. 뇌 특유의 패턴을 해석하는 기능이나 불확실한 것에 대한 탐색 기능 등을 활용하지 못해 창의성을 발휘하는 데 치명적이다. 따라서 전전두피질이 정상적으로 작동하기 위해 과도한 스트레스 반응에 따른

그림 32 창의성와 심리적 안전 상태

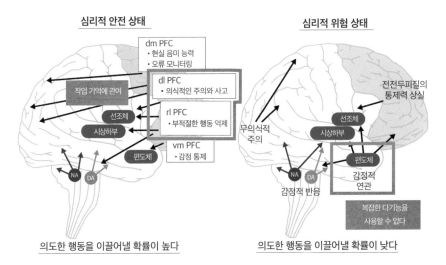

Arnsten, A. F. (2009). Stress Signalling Pathways that Impair Prefrontal Cortex Structure and Function, *Nature Reviews Neuroscience*, 10, 410-22, 87-95를 토대로 작성. 단, 하단의 밑줄 그은 부분과 색으로 둘러친 부분은 저자가 추가.

심리적 위험 상태를 피해야 한다.

창의성으로 이어지는 체험이나 기억이라는 의미에서 스트레스도 경우에 따라서는 필요하다. 하지만 아이디어의 재료로서 기억을 만드는 행위와 그것을 활용해서 창의성을 발휘하는 행위는 별개의 기능이다. 모든 체험이나 기억은 창의성을 발휘할 씨앗이 될 수 있지만 창의성을 충분히 발휘시키기 위해서는 무엇보다 심리적 안전 상태를 확보해야 한다.

창의성은 후천적으로 길러진다는 믿음을 갖는다

두 번째 전제 조건은 창의성이 후천적으로 길러진다는 점을 믿는 것이다.

다시 모티베이션 장에서 소개한 신경과학으로 본 욕구 5단계를 떠올려보자. 뇌의 하부 영역으로 갈수록 DNA에 의해 규정된 기능이 주를 이룬다. 반대로 뇌는 상부 영역으로 갈수록 그 기능이 후천적으로 자라난다. 즉 에너지를 쏟으면 세포와 분자 수준에서 변화가 일어나 기능을 갖추어가는 것이다. 신경과학의 관점에서 창의성을 발휘하는 뇌를 들여다보면 대부분이 대뇌신피질이나 대뇌변연계 등 뇌의 상부 영역의 활동에 따른 것임을 알 수 있다.[28]

이런 사실만 놓고 봐도 **창의성은 타고나는 것이라기보다 후천적으로 길러지는 요소가 상당히 많다는 것을 알 수 있다.**

위대한 창의력을 발휘해온 사람들은 과정 속에서 피나는 노력을 숱하게 거듭한다. 이런 후천적인 뇌의 활용이 없는 한 창의성은 절로 발휘되지 않는다.

창의성에서 중요한 세 가지 뇌 구조

창의성을 발휘하는 뇌의 상태를 신경과학적으로 이해하는 데 매우 중요한 뇌의 3가지 특징이 있다.

첫 번째는 '신경가소성Neuroplasticity'이다. 신경가소성이란 신경세포 간의 결합인 시냅스가 변화하면서 뇌가 구조적 변형을 일으키는 현상을 가리킨다. 일찍이 사람들은 인간의 뇌는 변하지 않는다고 믿었다. 옛날 교과서만 봐도 뇌에서는 새로운 신경세포가 생기지 않는다고 쓰여 있다. 하지만 최근에 새롭게 신경세포가 만들어지는 현상이 발견되었다.

실제로 창의적인 뇌는 주로 고차원적인 기능 시스템과 학습 시스템이라 불리는 대뇌신피질과 대뇌변연계를 활용한다. 양자는 모두 후천적으로 변화하는 신경가소성의 한 예라고 할 수 있다.

하지만 아무것도 하지 않는데 변화가 일어나지는 않는다. 여기서 두 번째로 중요한 것이 창의적인 뇌 부위의 사용 여부다. 사용하지 않으면 잃게 된다. 신경세포, 특히 뇌 세포는 신체의 근육과 아주 흡사하다. 근력 운동을 반복하다 보면 근육이 굵어지듯이, 신경세포도 사용하면 사용할수록 신경세포를 둘러싼 '미엘린 수초'가 조금씩 굵어지면서 수용체의 수용 감도가 높아진다. 이러한 변화를 통해 창의성이 발휘되기 쉬운 뇌가 만들어진다.

뇌는 효율적으로 자신을 구성하려고 한다. 따라서 사용되는 부위는 견고해지지만 사용하지 않은 신경회로는 에너지 낭비가 되기 때문에 가지치기를 통해 신경세포를 잘라버리는 작업이 이루어진다.

세 번째는 '함께 발화하는 뉴런들은 함께 연결된다'는 사실이다. 뇌의 배선(시냅스)이 뇌 속에서 어떻게 형성될지는 체험이나 학습 방식에 따라 달라진다. 아무리 비슷한 상황에 놓여도 주변 환경에 어떻게 주의를 기울여 뇌에 정보를 제공하느냐에 따라 창의성을 발휘할 씨앗으로 기억을 유지할 수 있을지 여부가 결정된다. 의식적으로 동시 발화의 원칙을 활용하면 창의성을 키울 수 있다.

심리적 안전 상태와 창의성

창의성은 다양한 뇌 기능을 복합적으로 사용한다. 편도체가 극도로 활성화되면 다른 뇌 기능들이 마비된다. 그만큼 창의성을 발휘하는 데 심리적 안전 상태는 중요한 전제 조건이다.

창의성도 길러진다

창의성의 뇌 기능은 주로 후천적으로 길러지고 변화하며(신경가소성), 사용한 만큼 성장한다(Use it or Lose it). 다양한 자극을 받고 다양한 정보 처리를 체험 학습하면서 창의성에 필요한 뇌가 자라난다(Neurons that fire together wire together).

거시적 관점에서 본 창의성

'창의성에는 우뇌가 중요하다'는 통설이 널리 퍼져 있다. 하지만 실제로 뇌는 오른쪽만이 아니라 왼쪽, 앞쪽, 뒤쪽 등 전방위로 활용된다. 앞서도 소개한 바 있는 그림 33은 시간이 흐름에 따라 뇌에서 사용되는 부위가 달라짐을 보여준다.

높은 창의성을 가진 사람은 이러한 뇌의 작용을 경험해봤을 것이다. 물론 이 모델의 뇌 활용 방식이 반드시 모든 창의성의 발휘에 사용된다고 단언할 수는 없다. 다만 각각의 뇌 기능의 다양한 조합들이 창의성을 표현하고 있음은 틀림없는 사실이다. 그렇기 때문에 뇌가 가진 각각의 기능을 숙지하는 것은 자신의 창의성을 높이는 데 도움이 된다.

그림 33 **시간축에 따라 변화하는 뇌의 활동 부위**

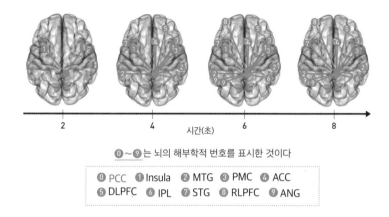

시간(초)

⓿～❾는 뇌의 해부학적 번호를 표시한 것이다

| ⓿ PCC | ❶ Insula | ❷ MTG | ❸ PMC | ❹ ACC |
| ❺ DLPFC | ❻ IPL | ❼ STG | ❽ RLPFC | ❾ ANG |

Beaty, R. E., Benedek, M., Silvia, P. J., Schacter, D. L. (2016). Creative Cognition and Brain Network Dyamics. *Trends in Cognitive Science*, 20(2), 87-95를 토대로 작성. 단 하단의 밑줄 그은 부분은 저자가 추가.

창의성은 디폴트 모드 네트워크에서 시작된다

새로운 아이디어가 생겼을 때 뇌의 활동 기점은 어디일까. 창의성을 시간의 변화에 따라 파악할 수 있게 되면서 뇌의 활동 기점이 조금씩 밝혀지기 시작했다. 씨앗Seed으로 불리는 이 기점은 후대상회 PCC(posterior cingulate cortex)라 불리는 뇌 부위다.

후대상회는 디폴트 모드 네트워크의 중심적인 뇌 부위다. 즉 창의성이 발휘되는 시점은 디폴트 모드 네트워크가 활성화될 때라고 할 수 있다. 단 시작점이 디폴트 모드 네트워크라는 것이지 다른 네트워크를 사용하지 않는다는 것은 아니다.

디폴트 모드 네트워크는 무언가를 의식적으로 작업하려고 하지 않을 때 활성화되는 뇌의 영역을 가리킨다. 인간의 뇌는 외부의 다양한 정보를 처리하기도 하지만 눈을 감고 자신의 심장 박동 소리에 귀를 기울이거나 머릿속에 뭔가를 떠올려보는 등 자기 안의 갖가지 내부 정보에 눈을 돌리기도 한다. 마찬가지로 우리는 상상력을 발휘할 때도 내부 정보를 탐색해 활용한다. 이처럼 자기 안의 내부 정보를 처리할 때 디폴트 모드 네트워크가 활성화된다.

디폴트 모드 네트워크는 **깨어 있지만 꿈을 꾸는 듯한 백일몽 상태이며 외부 세계가 아닌 자신의 내면에 주의를 기울이고 있는 상태**라고 할 수 있다. 눈을 감고 사색에 잠기거나 눈을 뜨고 있어도 머릿속에서 뭔가를 되뇌이며 자기 내면에 똬리를 틀고 앉아 있는 상태다. 이때가 바로 창의성이 시작되는 기점이다.

구체적인 예로 많이 꼽히는 것이 '마인드 원더링mind wandering'이다. 의식적으로 뭔가를 상상하는 것이 아니라 상향식으로 여러 가지 생각에 빠지는 상태를 일컫는다. 즉 마음이 여기저기 돌아다니며 이 생각 저 생각에 빠져드는 상태를 말한다.

최근 유행하는 명상이나 마음 챙김에서는 호흡에 집중해 마음을 가라앉히라고 말한다. 호흡에 집중하는 데 익숙하지 않은 사람은 불과 5분도 지나기 전에 호흡에 집중하는 걸 잊고 '끝나면 뭘 먹으러 갈까?' '저 사람과 뭘 할까?' 등을 무심결에 떠올리곤 한다. 목욕탕에 들어가 몸을 씻으면서 쓸데없는 일을 떠올리다 문득 정신을 차리면 어디를 씻고 있었는지도 기억나지 않을 때처럼 말이다. 이런 것들이 마인드 원더링 상태로 디폴트 모드 네트워크가 활성화되고 있는 상태이다.

마인드 원더링을 활용한다

호흡법이나 명상은 창의성을 높이는 좋은 계기가 될 수 있다. 호흡에 집중하다가 잡생각이 떠오르면 집중하지 못한 자신을 탓하거나 부정하게 **된다. 하지만 자신도 모르는 사이에 뇌가 무의식적으로 작동하는 흐름을 비관할 필요는 없다.**

이는 의식적인 당신과는 다른 무의식 상태의 자신을 만날 기회이자 디폴트 모드 네트워크가 활성화된 상태의 자신과 대화할 수 있는 기회이기 때문이다. 알아차리고 의식을 깨우면 오히려 디폴트 모드 네트워크는 작동하지 않는다.

호흡을 의식하거나 명상할 때의 마인드 원더링은 결코 뇌나 능력의 결함이 아니다. 오히려 이런 자유로운 의식의 흐름이 창의적인 아이디어로 이어지는 경우가 많다. 집중력을 높이기 위해 호흡에 집중하는 것도 좋은 방법이다. 주의가 흐트러진다고 자책할 게 아니라 자연적인 현상으로 넘기고 원래 목적인 호흡으로 되돌아올 정도의 자세가 좋다. 실제 집중력을 높여주는 호흡법 프로그램에서는 호흡에 의식을 돌린

후 그사이에 어떤 마인드 원더링이 있었는지를 성찰하는 경우도 있다.

디폴트 모드 네트워크로 처리하는 내용들은 대부분이 별 볼일 없고 창의적이지 않다. 하지만 자신의 내부에서 일어나는 디폴트 모드 네트워크와 대화할 수 있게 되면 창의성을 발휘하고 싶을 때 스스로 이 모드를 유도할 수 있다. 호흡법을 통해 마인드 원더링을 성찰하는 것은 창의성의 발판이 될 수 있다.

의식적인 무의식화의 도입

디폴트 모드 네트워크는 마인드 원더링 같은 무의식에 가까운 상태에서 처리된다. 따라서 의식적으로 디폴트 모드 네트워크를 유도할 수 있다는 말은 모순적으로 들릴 수 있다. 하지만 언제 디폴트 모드 네트워크가 작동하기 쉬운지 그 상태를 알고 있으면 얼마든지 디폴트 모드 네트워크를 유도할 수 있다. 이를 '의식적인 무의식화'라고 부른다.

이미 소개한 바와 같이 디폴트 모드 네트워크는 해마 등 기억의 중추 부위와 연계되어 있기 때문에 기억의 영향을 많이 받는다. 일어난 일의 직전이나 직후의 기억으로 처리되기 쉽다.[29] 뇌는 조금 전의 불쾌했던 일이나 기뻤던 일, 혹은 코앞의 즐거움이나 불안 등을 임의로 떠올리고 상상한다. 디폴트 모드 네트워크는 바로 이러한 기억들에 기반해서 행동하고 의사결정을 유도하는 역할을 한다.

이런 디폴트 모드 네트워크의 작동 기제를 이해하면 이를 일상에 의식적으로도 활용해볼 수 있다. 평소 인지 활동을 활발히 하고 있지 않을 때는 지금 이 순간을 기준으로 직전이나 직후의 일상적인 기억들이 작동하는데, 이때 디폴트 모드 네트워크가 처리해주었으면 하는 내용을 의식적으로 강하게 기억의 족적으로 남긴다. 이러한 의식적인 무의식화의 활용이 창의성 발휘에 꼭 필요한 토양이 된다.

창의성을 발휘하고 싶은 대상에 대해 번민을 거듭하면서도 상상이나 사고를 끝까지 밀고 나갈 때 비로소 재능은 번득인다. 당연히 뇌에는 상상하거나 생각했던 기억의 족적이 강하게 남는다. 이러한 의식적인 사고와 상상은 중앙 집행 네트워크로 정보 처리될 확률이 높다.

그리고 의식적으로 주의 대상을 골똘히 생각하거나 상상하면 그 신경회로를 사용한 만큼 신경세포가 장기 기억화를 향해 발걸음을 내딛기 시작한다. 거기서 처음으로 장기 기억화될 정도로 강하게 반복 과정을 거친 정보가 디폴트 모드 네트워크로 처리될 권리를 얻는다.

창의적인 아이디어를 끌어내려면 일단 대상에 깊이 몰입해 있어야 한다. 그래야만 뇌에 강한 기억으로 남아 의도한 정보를 디폴트 모드 네트워크로 처리될 가능성이 커진다.

단순히 빠져 있다고 되는 것이 아니다. 의식적으로 빠져든 후에는 그 세계에서 다시 빠져나올 수 있어야 한다. 기억의 족적을 남긴 후에는 뇌를 디폴트 모드 네트워크가 작동하기 쉬운 환경으로 만들어야 한다.

08

디폴트 모드 네크워크를 가동하는 법

의식적으로 뇌를 공백으로 만든다

생각에 골몰해 있거나 한계를 느낄 만큼 뇌를 풀가동했다면 뇌를 잠시 숙성시킨다는 기분으로 휴식을 취하면 좋다. 시간을 두고 다른 일을 하거나 한숨 자고 일어나면 기억은 더욱 견고해지기 때문이다.

아무리 생각해도 묘안이 떠오르지 않고 재미있는 아이디어가 생기지 않는다고 느끼면 잠시 머리를 비우고 디폴트 모드 네트워크를 가동시켜본다. 요컨대 멍한 상태로 있어 보라는 것인데 해보면 진짜 멍때리는 게 쉽지 않다.

뇌가 항상 작업 모드 상태에 있지 않으면 불안을 느끼는 사람들이 의외로 많다. 하지만 이는 창조적인 뭔가를 만들어내는 뇌 상태라고 볼 수 없다. 뇌에는 급하게 정보 처리를 하는 기능도 있지만 멍때리며 들어온 정보를 차근차근 정리하는 기능도 있다. 하지만 멍한 상태를 잘 유지하는 사람은 좀처럼 없다. 이 멍한 상태는 표면적으로는 아무

것도 하지 않는 것처럼 보이기 때문에 주변으로부터 부정적인 피드백을 받는 경우가 많다. 수업 중이거나 업무 중에 멍 때리고 있다면 주의 지적을 받기 십상이다.

하지만 의외로 멍한 상태에서 생산적으로 창조적인 아이디어가 떠오르는 경우가 많다. 멍한 상태에서 창조성을 발휘할 수 있을지 여부는 얼마나 의도적으로 집중해 생각하고 상상했느냐에 따라 명암이 갈린다. 뇌에 부하를 주지 않고 그냥 멍하니 있는 상태는 창의성에 별 도움이 되지 않는다. **생각에 흠뻑 잠긴 뒤의 멍한 상태야말로 창의성에 결정적인 시간이다.**

뭔가 움직이는 것이 있거나 확실히 시끄러운 소리나 냄새 같은 자극이 있으면 거기에 주의를 빼앗겨 멍한 상태를 유지하기가 힘들다. 자극이 없는 조용한 환경을 조성하는 것이 창의성을 이끌어내기 위한 효과적인 방법 중 하나라고 할 수 있다. 탁 트인 대자연은 어디를 보나 주의를 끌지 않는 효과가 높다. 이런 식으로 예술작품을 감상하는 사람도 있을 수 있다. 자신만의 멍때리는 방법이나 환경을 찾아보는 것도 창의성을 발휘하기 위한 중요한 부분이 될 것이다.

단순 작업을 활용한다

그 밖에도 디폴트 모드 네트워크를 유도하기 쉬운 방법이 있다. 단순하고 익숙한 작업을 의식적으로 하는 것이다.

그 전형적인 예로 앞서 소개했던 호흡법이 있다. 의식적으로 호흡에 집중하다 보면 뇌는 어느새 자유롭게 이런저런 생각에 빠지는 마인드 원더링을 시작한다. **깊이 사색에 잠긴 뒤에는 호흡에 집중하면서 마인드 원더링을 한번 유도해보자.**

산책도 좋다. 답답한 마음에 산책을 나왔다가 문득 해결책이 떠올랐다는 이야기를 많이 듣는데 그것은 신경과학적으로도 해명 가능하다. 샤워를 하거나 머리를 감으면서 나도 모르는 사이에 다른 생각에 잠긴 경험들이 있을 것이다. 양치질이나 설거지 같은 단순 작업은 정보 처리를 버거워하는 뇌가 마음껏 생각이나 상상의 나래를 펼칠 수 있도록 유도한다.

창의적인 사람일수록 단순 작업을 싫어할 것이라고 생각할 수 있지만 창의적인 발상은 애써 끄집어내려고 하기보다 의식하지 않는 사이에 번득이는 경우가 더 많다. 단순 작업을 하고 있을 때는 뇌에 다른 정보를 처리할 수 있는 여백이 생기기 때문에 의도한 행위와는 별도로 기억 흔적이 있는 정보를 의도치 않게 처리할 가능성이 커져 오히려 창의성이 발휘되기 쉬운 상태가 된다.

주변환경이 달라져도 평소와는 다른 뇌 모드로 정보가 처리되기 때문에 의식적인 작업 모드 상태에서는 뇌리에 떠오르지 않았던 것들이 섬광처럼 번득이는 경우가 있다. 뇌가 작업 모드 상태에서 기억 흔적을 숙성시키는 작업이 전제되어 있어야 하지만 이를 바탕으로 뇌의 환경을 바꾸면 들어오는 정보가 바뀌고 뇌의 처리 방식도 다소 변한다.

여느 때와는 다른 장소에서 일을 하고 평소에는 잘 가지 않는 수영장에서 수영을 하거나 특별한 날에 사우나를 해보자. 외부 환경을 바꾸면 일상적으로 신체나 뇌에 전달되던 정보와 다르기 때문에 예전과는 다른 방식으로 정보 처리를 할 가능성이 크다. 기분전환을 하듯이 환경에 변화를 주면 창의성을 끌어내는 하나의 계기가 될 수 있다. 연구실에서 몇 년 동안 시행착오를 거듭해도 좋은 아이디어가 떠오르지 않다가 여행지에서 별안간 아이디어가 떠오르는 것처럼 말이다.

전형적으로 뇌 모드를 바꾸는 현상이 수면이다. 자고 있을 때와 깨어 있을 때는 사용되는 뇌가 완전히 다르다. 뇌는 수면 시에도 기억을 정리하거나 강화하는데, 그렇다고 자고 있는 동안 사용되는 뇌의 처리 방식이 잠이 깨면서 바로 바뀌지는 않는다. 일어나서 완전히 뇌가 각성하기까지 전환 단계에서는 평상시와는 다른 뇌 모드가 된다. 바로 이때 평소와 다른 아이디어가 생겨날 가능성이 크다. 잠자리에서 일어나면서 아이디어가 섬광처럼 스쳤다는 이야기는 신경과학적으로 일리가 있는 말이다.

항상 같은 장소에서 정해진 것을 정해진 뇌 모드로 처리하면 사용하는 뇌 모드가 규정되어버리면서 뇌의 처리 폭이 좁아진다. 뇌 모드에 변화를 도모해보는 것은 후대상회를 기점으로 디폴트 모드 네트워크를 유도하고 창의성을 이끌어내는 데 도움이 될 수 있다.

창의성을 높이는 힌트 5

의식적 무의식화

생각하고 싶은 대상에 푹 빠졌다면 거기서부터 무념무상의 모드로 들어가본다. 깊이 빠져 있었다면 무의식적으로 떠올리고 싶은 것을 상기할 가능성이 커지면서 창조 과정을 개시할 가능성이 높아진다.

단순한 일에 집중한다

몰입 모드에서 벗어나기 위해서는 다른 일을 하거나 단순 작업에 집중하는 것이 효과적이다. 단순 작업을 하다 보면 뇌가 하던 일에 싫증을 내면서 자연스럽게 마인드 원더링을 유도한다. 마인드 원더링을 하는 중에 몰입 모드에서 작업했던 내용들이 자연스럽게 떠오를 가능성이 커지고 이것이 창조 행위로 이어질 수 있다.

과거와 미래 이야기가
창의성을 높인다

후대상회에는 다른 역할도 있다.

후대상회의 연장선상에 해마가 있으며 해마의 연장선상에 편도체가 연결되어 있다. 해마가 에피소드 기억을 간직하면 그에 따른 감정 정보가 편도체로 연결된다. 이 해마와 편도체의 연계 놀이를 다양한 형태로 '뒤적이는' 것이 후대상회다.

후대상회가 해마의 에피소드 기억을 더듬어 지금까지 있었던 일들을 뒤적이는 이미지를 그려보면 된다. 다만 모든 에피소드 기억이 감정 정보를 보관해 유지하는 것은 아니기 때문에 감정 기억은 드러나기도 하고 드러나지 않기도 한다. 그것도 포함해 에피소드 기억과 감정 기억을 더듬는 것이 후대상회의 역할이다.

이 후대상회 기능과 관련해 창의성 발휘 능력을 테스트하는 두 가지 실험이 있다.

2014년 아디스Addis를 비롯해 여러 연구자는 과거의 사건으로부터 미래에 어떤 일이 일어날지 상상한 후 대체안을 제시하라는 창의성

테스트를 진행했다. 그 결과 상상한 것의 구체성과 대체안의 수에 상관관계가 있음이 밝혀졌다.[30] 즉 과거 기억을 회상하고 미래를 상상하게 하면 창의성이 높아진다는 것이다. 미래를 선명하게 그려낼수록 창의적인 대체안의 수 늘었다.

2015년 마드레Madre는 피험자를 두 그룹으로 나누어 대체안 제시 실험을 했다. 한 그룹은 과거에 있었던 일을 구체적으로 자세히 들은 후에 테스트를 받았고, 다른 그룹은 아무런 사전 준비 없이 테스트를 받았다. 그 결과 과거에 있었던 사건을 자세히 들려준 그룹이 대체안의 수가 더 많았다. 미래를 시뮬레이션하는 작업의 구체성도 높아졌다.[31]

과거를 자세하게 끄집어내는 행위를 에피소드 특이성 유도Episodic Specificity Induction라고 부른다. 과거 이야기를 자세히 듣거나 미래를 그려보는 것만으로 창의성이 높아진다는 말은 어딘가 미심쩍게 들릴 수 있다. 하지만 신경과학의 관점에서 보면 반드시 그렇지도 않다. 새로운 것을 생각나게 하는 것은 영락없이 뇌이며, 뇌 속 기억이 발상의 씨앗을 지탱하기 때문이다. 따라서 **'기억을 활성화하는 작용'이 창의성을 높이는 방향으로 작용한다.**

잡담이 창의성을 높인다

그런 점에서 잡담의 가치를 재고해볼 수 있다. 가령 회사에서 바로 업무적인 대화로 들어가기 전에 갖는 아이스브레이크가 이에 해당한다. 잡담은 상대방과의 거리감을 줄여주는 역할을 하지만 구체적으로 과거에 무슨 일을 해왔는지에 대해 자세하고 생생하게 이야기를 들려주면 아이디어를 낳는 데도 효과를 발휘할 수 있다. 특히 에피소드 기억뿐만 아니라 감정 기억에도 접근하면 효과적이다.

앞으로 있을 일들에 대해 이야기해보는 것도 효과가 있다. 미래에 대한 이야기를 나눌 때 쓰이는 뇌 기능은 창의성을 발휘할 때 쓰이는 후대상회 기능과 비슷하다.

일부러 좋은 이야기를 하거나 재미있는 이야기를 만들려고 애쓸 필요는 없다. 내가 느낄 수 있는 감정까지 포함해 미래를 선명하게 떠올려 뇌가 정보처리를 하도록 하면 된다. 다른 사람의 평가를 신경 쓸 필요도 없다. 무엇보다 평가가 목적이 아니라는 공감대를 형성하는 것이 좋다.

여성들은 일상적으로 잡담을 나누는 것을 즐기지만, 남자들은 대체로 이런 잡담을 나누는 것에 상대적으로 익숙하지 않은 경향이 있다. 여성들이 구체적인 상황을 이야기하는 데 훨씬 능하다는 건 큰 강점이다. 실제로 2002년에서 2003년 사이 유럽연합의 신경과학 연구기관이 약 5,000명을 대상으로 뇌 데이터를 분석했을 때 통계적으로 후대상회는 여성이 남성보다 크다는 결과가 나왔다.[32]

물론 개별적으로 보면 후대상회가 큰 남성이 있는가 하면, 여성이면서 작은 사람도 있다. 하지만 구체적인 에피소드에 대해 여성들은 대체로 거침없이 술술 이야기를 풀어가는 경향이 있다. 그것도 창의성에는 매우 중요한 능력이다.

반면 남성들은 곧잘 추상적인 대화로 빠지거나 의미를 찾는 경향이 있다. 에피소드 기억과 의미 기억은 다른 뇌 부위를 사용한다. 의미나 의의에만 치우치지 말고 추상과 구상을 오가다 보면 그 끝에 창의성이 모습을 드러내는 것이다.

창의성을 높이는 힌트 6

잡담을 활용한다

아이디어가 필요할 때 전혀 관계없는 화제라도 좋으니 최근 있었던 일들을 가능한 한 구체적으로 떠올려본다. 이때 어떻게 느꼈는지까지 표현할 수 있으면 금상첨화다. 눈을 감고 정경을 떠올리면서 하면 더 효과적이다.

미래에 대한 이야기를 나눈다

과거에 있었던 사건을 구체적으로 묘사해보거나 앞으로 있을 일에 대한 이미지를 머릿속에 떠올리며 이야기를 나누다 보면 이후 창의적인 활동을 하는데 도움이 된다. 일부러 재미있는 이야기를 하거나 좋은 이야기를 하려고 애쓰지 말고 머릿속에 떠오른 것을 자유롭게 말해보자.

현출성 네트워크를
창의성에 활용한다

그다음에 활약하는 것은 자신의 내부 정보를 감지하고 알아차리는 중추인 현출성 네트워크다.

현출성 네트워크는 주로 두 개의 뇌 부위로 구성된다. 하나는 측두엽과 두정엽의 경계선에 있는 뇌섬엽insula이다. 나머지 하나는 후대상회의 앞쪽에 위치한 전대상회다.

내부의 신체 감각과 감정 상태를 모니터링하는 기능을 가진 뇌섬엽은 크게 전측과 중앙 부분, 후측으로 나뉘어 있다. 뇌섬엽의 전측은 체험이나 지각을 주관적으로 파악할 때 사용된다. 깜짝 놀라거나 공포를 느끼는 등의 반응을 나중에 주관적으로 새로운 시각에서 다시 파악할 때 쓰인다. "와" 하고 소리치며 누군가를 놀라게 하면 상대방은 무의식적으로 깜짝 놀라는 반응을 보인다. 의식하지 않은 상태에서 얼떨결에 보이는 이러한 반응을 우리는 '정동'이라고 부른다. 이때 또 한편으로 자신이 놀랐다는 사실을 인식하는 작업이 이루어진다. 이처럼 정동반응을 알아차리고 인식하는 이러한 상태를 우리는 '감정'이라고 부른다. 사용되는 뇌의 메커니즘이 서로 다른 정동 반응과 감정 사이에 다리를 놓는 것이 바로 뇌섬엽의 전측이다.

뇌섬엽의 후측은 심장이나 신장, 방광과 같이 신체의 내부 감각 상태를 감지한다. 외부 세계의 정보에만 의존하지 않고 내부에 있는 신체 감각이나 감정들에 주의를 기울인다.[33]

뇌섬엽의 중앙 부분은 전측과 후측, 편도체 등과 연락하여 감각이나 감정 정보를 다양한 방식으로 통합한다. 우리의 감정이나 감각과 같은 '감'의 중추라고 말할 수 있다. 우리는 이 '감'의 작용 없이 세상을 살아갈 수 없다. 공포를 느끼기 때문에 위험을 회피하고, 식욕을 느끼기 때문에 먹을 것을 찾아 나선다. 통증을 느끼기 때문에 다시 고통에 직면하지 않도록 학습한다. 행복 반응을 느끼기 때문에 우리는 행복해지는 것이다.

이 뇌섬엽의 기능을 상세하게 설명하고 있는 마니 파불루리Mani Pavuluri와 앰블러 메이Ambler May는 데카르트의 '나는 생각한다. 그러므로 존재한다'는 명제는 잘못된 것이라고 지적한다. 대신 '나는 느낀다. 고로 존재한다'가 맞다는 것이다. 확실히 느끼지 못하면 애초 '자기'를 인식할 수 없기 때문에 '자기'라는 말이 성립할 수 없다. 일리 있는 말이다.

자신의 감정이나 감각에 주의를 기울인다

철학적 해석은 둘째 치고 여기서 눈여겨봐야 할 것은 창의성을 발휘하기 위해 내부 정보에 주의를 기울이는 것이 얼마나 중요한지를 인식하는 일이다. 특히 감정적인 요소 외에도 감각, 지각, 내부 감각을 알아차려야 한다.

평소 자신의 감정이나 감각을 의식하지 않으면 그것들은 순간적으로 사라져버린다. 기쁜 일이 있을 때 그 시점에는 기쁘다고 느끼겠지만 '기쁘다고 느끼는 자신의 상태'를 알아차리지 못하면 금세 그 감정은 잊히고 만다. 뇌섬엽이 작동하지 않았기 때문이다.

자신의 감각이나 감정의 '오타쿠'가 돼보는 것도 좋다. 이른바 오감을 전부 가동하여 관찰해보는 것이다.

시각도 바라보는 방식에 따라 대상이 달리 보인다. 칠흑 같은 어둠 속에서 대상을 바라볼 때와 대낮처럼 환한 곳에서 바라볼 때의 보는 방식은 다를 수밖에 없다. 다채로운 컬러에 대한 느낌이나 햇빛이나 전등 같은 다양한 빛에 대한 감각도 사람마다 다르다.

우리는 시각적으로 어떤 자극이 마음을 진정시키고 고양시키는지 관찰할 수 있으며 같은 커피라 해도 온도에 따라 커피 향이 어떻게 달라지는지를 예리하게 알아차릴 수 있다.

우리 뇌는 신체 안팎의 영향을 다분히 받으면서도, 다양한 종류의 신호를 정밀하면서도 다양하게 해석하는 능력을 지녔다. 일정하게 정해지지 않은 '열려 있는' 해석과 정보 과정이 인간을 인간답게 만들고 한 사람 한 사람의 개성을 부각시킨다.

그런 매력으로 가득 차 있는 '감'을 소홀히 하는 것은 안타까운 일이다. 자기 인생을 형형색색으로 선명하게 물들이는 것은 삶에 색을 입히는 '감'을 어떻게 활용할지에 달려 있다. 그런 감도와 감성이 창의성에 중요한 역할을 한다.

예술작품은 추상적인 '감'의 세계를 다양한 방식으로 표현한 것들의 산물이라 할 수 있다. 예술가들은 저마다 자기만의 '감'을 지니고 있으며 이 감이 공감을 자아내기도 하고 위화감을 일으키기도 한다. **자신의 '감'을 창의적으로 살리기 위해서는 평소 자신이 느끼는 감을 알아차리고 이에 주의를 기울이는 훈련을 거듭해나가야 한다.**

창의성에서 위화감의 중요성

현출성 네트워크에서 중요한 역할을 하는 또 다른 부위는 오류 탐지 기능의 전대상회이다. 후대상회의 앞쪽에 자리한 전대상회는 누군가의 흠을 잡거나 실패를 곱씹을 때 작동하지만 무언가 아이디어를 떠올리려고 애를 쓸 때도 작동한다. 디폴트 모드 네트워크를 작동시켜 현출성 네트워크로 자기 내부의 감각이나 감정에 주의를 기울이는 상태에서도 작동하는 것이다.

창의성을 높이는 힌트 7

감정과 감각을 음미한다

창조 활동에는 자신의 감정을 모니터링하는 뇌섬엽이 한몫을 하고 있다. 평소에 자기 감정이나 감각을 알아차리고 음미하는 습관을 들이면 창의력 향상에 큰 도움이 된다. 수시로 자기 감정이나 감각을 알아차리고 자신과 대화해보기를 권한다.

앞서 말했듯이 뇌섬엽 중앙부는 전대상회와 연락을 주고받는다. 전대상회는 뇌에서 처리되고 있는 정보 및 자신의 감과 기억을 바탕으로 오류를 탐지한다. 단 오류 탐지 기능은 구체적인 언어로 표현되지 않는다. 뭔가 이상하다고 뇌에 위화감을 안기는 것이 전대상회의 역할이다.

하지만 전대상회만으로는 창의적인 생각에 이르지 못한다. 디폴트 모드 네트워크가 처리하는 정보를 먼저 알아차려야 한다. 이는 뇌섬엽의 감을 활용함으로써 가능하다. 그 상태에서 뭔가 오류가 있다면 위화감으로 뇌에 드러난다.

뭔가 오류가 느껴질 때 표현되는 위화감은 새로운 것을 창조하는 데 중요한 역할을 한다. 위화감을 느끼는 게 기분 좋은 일은 아닐 것이다. 하지만 위화감이 축적된 과거의 경험을 바탕으로 생겨난다는 사실을 잊어서는 안 된다. 전혀 모르는 것에 대해서는 위화감이 생길 수 없다.

사람들은 대체로 위화감을 대수롭지 않게 여긴다. 비즈니스 현장에서는 '뭔가 이상하다'는 비언어적인 위화감을 내비치면 비논리적이라고 일축당하기 십상이다. 하지만 말로 표현할 수 없는 이런 느낌에는 흥미로운 발견이나 새로운 아이디어의 실마리가 내포되어 있다.

위화감을 느끼는 것은 뇌에 근거가 있다. 그 근거에 대한 탐구가 흥미 있는 발상이나 새로운 아이디어로 이어질 수 있다. 그러려면 자신이 관심을 갖고 있는 분야에 푹 빠져 있으면서 자기의 내부 반응에 흥미를 갖고 있어야 한다. 위화감의 정체를 알아차릴 수 있다면 이를 언어화하거나 비언어적인 그림 혹은 음악 등으로 표현할 수도 있다. 그것이 창조나 새로운 착상의 기점이 될 수 있다는 걸 생각하면 위화감은 창의성의 보물 상자라고도 할 수 있다.

와타나베 노보루는 『인간다움의 구조』에서 위화감이 새로운 발상으로 이어짐을 진주조개에 빗대어 말한다.

> 진주조개는 조개껍데기 속에 들어간 모래 부스러기가 고통스럽기 때문에 그것을 감싸는 성분을 내는 동안에 진주를 만들어내고, 시인은 자신의 심적 고통을 토대로 시를 짓는다. 조개에게 모래 부스러기는 이물질이다. 조개에게 위화감 같은 것이다. 하지만 이를 토대로 아름다운 진주가 조개껍데기 내부에 형성된다. 사람의 마음도 똑같다. 강렬한 위화감이 위대한 인물을 만드는 토대가 된다.

새로운 발상을 새로운 가치로 만드는 힘

오류라고 하면 부정적인 이미지를 떠올리기 쉽지만 사실 뇌는 잘 모르거나 새로운 것이 들어와도 이를 오류로 받아들인다. 뇌는 익숙한 정보만을 처리하려는 경향이 있기 때문이다. 뇌가 새로운 것을 오류로 감지한다는 점에서 보면 우리가 오류로 인식하는 많은 것들이 실은 창의성을 키우는 바탕이 될 수 있다는 사실을 알 수 있다.

우리 뇌는 모든 정보에 주의를 기울일 수 없다. 뇌가 처리할 수 있는

위화감에 귀를 기울인다

뇌는 때로 말로 설명할 수 없지만 자신에게 생소한 정보를 비언어적으로 처리해 그 상태를 위화감으로 드러낸다. 자신이 느낀 위화감을 말로 표현해보거나 다른 매체를 통해 표현해보려는 행위가 창의적인 아이디어를 낳는 기점이 되는 경우가 많다.

위화감은 보물상자?

위화감과 같이 왠지 모르게 느끼는 감각 정보는 일반적으로 무시되기 싶다. 하지만 새롭고 창의적인 아이디어의 씨앗은 이런 위화감에서 나온다.

정보는 매우 한정적이다. 때론 우리가 어딘가에서 체험하고 배운 것을 바탕으로 정보를 끼워 맞춰 아무 생각 없이 이해했다고 생각해버리기도 한다. 사실은 새로운 정보인데도 새롭다고 느끼지 못하는 것이다.

누가 봐도 새로운 것은 알아보기 어렵지 않다. 우리가 안다고 생각하지만 엄밀히 말하면 잘 모르는 새로움에 반응할 수 있게 되는 것이야말로 창의성을 키우는 지름길이다.

새로운 것이 수동적으로 나타나기만을 기다리는 태도로는 이러한 능력을 키울 수 없다. 끊임없이 능동적으로 새로운 것을 추구하는 태도가 결국 창의성으로 이어진다.

연구나 창작 활동은 같은 작업의 반복으로 이루어지는 경우가 많다. 이때 이 반복 행위를 지루하게만 볼지 혹은 반복 행위 속에서 새로운 것을 찾으려고 할지에 따라 창의성을 기르는 수준이 전혀 달라진다. 새로운 아이디어나 생각은 같은 작업을 끊임없이 반복하면서 만들어 낸 시사점이나 가설들을 축적해가는 과정 중에 생겨난다.

그림 34는 이러한 차이를 일러스트로 표현한 것이다.

같은 일을 반복하다 보면 기억이 장기화되면서 정보 처리 효율이 높아진다. 그 결과 뇌에는 정보 처리를 하면서도 다른 일과 연결할 수 있는 여백이 생긴다. 하지만 같은 일을 반복하는 데에도 에너지가 들고 여기에 더해 뭔가 새로운 것을 배우려고 하면 큰 부하가 걸리기 마련이다. 이런 이유로 많은 전문가들이 자신의 기술이나 아이디어를 고수하려고 한다. 하지만 이런 뇌는 창의성과는 정반대의 방향으로 나아간

그림 34 **창의성과 인지 편향**

다. 뇌의 인지 편향이다. 편향화된 뇌는 익숙하고 비슷한 정보 처리밖에 실행하지 않는다. 그 이외의 방법이나 판단을 오류로 인식하여 수용하지 않거나 반감을 갖는다. 이런 상태에서는 새로운 아이디어가 생길 수 없다. 이미 확립된 가치관과 아이디어를 비롯해 자기만의 방식을 강화해 완고한 신경회로를 만들기 때문이다.

창의성 발휘에 견고한 신경회로는 효과적이다. 이를 위한 완고함은 중요하다. 하지만 완고하게 쌓아올린 뇌의 정보 처리 방식을 중요하게 생각하면서도 새로운 학습을 신경회로에 연결 지어 다양한 아이디어를 창출하는 그물망을 넓히는 작업이 동시에 필요하다.

이미 쌓아올려 놓은 뇌의 축은 에너지 효율이 높기 때문에 이와 관련된 학습은 아무런 바탕이 없는 상태에서 새롭게 이루어지는 학습보다 훨씬 효율적으로 이루어진다. 그 결과 아주 소소한 위화감이나 새로움도 알아차릴 만큼 감각이 예민해져 새로운 아이디어나 발상이 떠오를 확률 또한 커진다.

평소 새로움에 대한 감도를 높이려는 적극적인 자세를 취해보자. 새로운 자극을 접하고 되새기면서 새로움을 인지하고 이를 기점으로 다른 뇌 속 정보와 결합해 별로 특별해 보이지 않는 것에서도 새로움을 발견하는 안목을 길러보는 것이다.

'감'을 쌓는다

뇌에 들어온 정보를 후대상회를 중심으로 한 디폴트 모드 네트워크로 처리하고 그에 따라 생기는 위화감이나 감정의 발현을 현출성 네트워크로 처리해 알아차린 다음에는 조금 전에 언급한 '감'의 정보에 주의의 초점을 강하게 맞춰보는 작업을 해보자. 뇌 속을 둘러싼 '감'에 대한 정보는 언어로 표현되기 어렵기 때문에 뇌 속에 기억으로 저장되기 어렵고 이내 망각된다. 자기의 '감'이 어디에서 오는지 의식적으로 주의를 기울이면 작업 기억을 통해 뇌에 '감'의 정보를 기억으로 저장할 수 있다.

현출성 네트워크를 거친 정보는 중앙 집행 네트워크의 배외측 전전

창의성을 높이는 힌트 9

새로움을 발견한다

별다를 것 없이 매일 똑같이 반복되는 일상 속에서도 분명 새로운 요소는 잠들어 있다. 단지 새로운 것을 접함으로써 그 감도를 높이려고만 하지 말고 스스로 능동적으로 새로움을 찾는 훈련을 한다.

두피질로 전달되어 하향식의 주의 기능을 사용하려고 한다. **감정이나 감각으로부터 가져온 뇌 속 정보를 뇌에 머물게 하고 그것을 하향식으로 사고하고 분석하는 것이다.**

이는 단순한 하향식 사고가 아니다. 디폴트 모드 네트워크에 의한 상향식 사고에서 유래한 감정이나 감각을 사고하고 분석하는 것이다. 머리로만 사고하는 하향식 사고방식과는 차별화된다. 디폴트 모드 네트워크에서 유래한 사고방식이 압도적으로 고등한 처리를 하고 있다고 할 수 있다. 하향식 사고로 시작하려고 하면 사고하려는 범위 안에서 정보 처리가 이루어질 수밖에 없기 때문에 사고의 폭이 좁아진다.

물론 그 한계를 객관적으로 인식하고 기존의 사고 프레임에서 벗어나 그 이면을 볼 수 있다면 상관없다. 하지만 논리적인 접근방식에 따라 언어적으로 처리되는 세계관만으로는 세계의 모든 현상을 다 설명할 수 없다. 논리적 프레임에서 벗어나 언어로는 설명할 수 없는 감각이나 감정에 주의를 기울이며 의식적인 무의식화를 꾀하려는 태도가 창의력을 향상시킨다.

자신의 편견을 알아차리고 이에 위화감을 느끼는 감각은, 배외측 전전두피질이 가진 또 하나의 중요한 역할인 인지적 유연성으로 이어진다. 우선은 자기가 무의식중에 옳다고 생각해온 가치나 믿음을 인지하고 이를 의심해보자. 그로부터 새로운 사고방식을 창조하는 것이 뇌에 새로운 사고방식이나 정보 처리를 창출하고 창의성을 키우는 길로 이어진다.

이를테면 한 유명한 크리에이터는 창작 활동에 들어가기에 앞서 평소 별로 좋아하지 않는 사람을 만난다. 자신과는 전혀 다른 뇌로 정보 처리 방식을 하는 사람을 만나기 위해서다. 자신과 사고방식이 현저히 다르기 때문에 부정적인 회피 감정이 생길지 모르지만 이해하기 어려운 상대방의 태도를 객관적으로 받아들이고자 애쓰면 위화감으로부터 뭔가 새로운 것을 알아차리게 되거나 자신이 알지 못하는 세계를 알아가는 기회가 될 수 있다.

　자신의 '감'에 주의를 기울이고 강하게 초점을 맞추면 잠시 동안은 뇌에 저장할 수 있다. 이 저장된 정보가 다른 뇌 부위에서 처리되거나 다른 뇌의 정보와 통합되어 새로움과 창의성으로 연결된다. 구체적으로는 다음에 소개할 전극측 전전두피질에서 패턴 해석적인 정보 처리가 행해지거나 모이랑이라 불리는 뇌 속 정보를 통합하는 부위로 보내진다.

감정과 감각에 초점을 맞춘다

새로운 발상의 씨앗이 되는 감정이나 감각은 찰나적이다. 그 정보를 뇌에 새겨서 활용하려면 내부에서 오는 감정이나 감각에 초점을 맞춰야 한다.

인지 편향을 알아차리고 이를 잘 제어한다

뇌는 자신도 모르는 사이에 '~해야 한다'고 인지한다. 그것은 정보 처리를 앞당기면서도 아이디어나 인식을 제한할 수 있다. 인지 편향이 되어 있는 자신의 습관과 사고를 알아차리고 이를 허물어보려는 노력이 창의성을 높이는 데 도움이 될 수 있다.

11

불확실성에 대한 도전이
창의성을 키운다

전전두피질의 전방에 위치한 전극측 전전두피질이 창의성 발휘에 관여한다는 것은 매우 흥미롭다. 전극측 전전두피질은 우리에게 근거 없는 자신감을 부여하고 어떻게든 잘될 거라는 낙관적인 태도를 취하게 한다. 자신이 잘 몰랐던 미지의 활동에 뛰어들 수 있는 것도 바로 전극측 전전두피질이 작용한 결과이다.

뇌에는 전례나 실제 경험한 것에 대한 기억밖에 존재하지 않기 때문에 미지의 것에 맞닥뜨리면 생명 유지를 위한 리스크 판단 기능이 강하게 작용한다. 뇌는 과거의 데이터베이스에 근거해 할 수 없는 이유나 실패했을 때 돌아올 불이익에 초점을 맞춤으로써 새로운 가설이나 몽상, 상상에 근거한 아이디어를 실행하지 않을 가능성이 크다.

하지만 창의성을 키우려면 다른 사람의 평가에 상관없이 자기에게 새롭고 가치 있는 것을 어떻게든 뇌 속에서 반복해 사용하는 게 좋다. 창의력은 자기 머릿속에 만들어진 새로운 생각이나 아이디어를 실행한 끝에 획득되는 것이기 때문에 끝없는 자기와의 싸움이다.

그 싸움에서 이기느냐 마느냐는 미숙한 아이디어나 상상의 산물을 자기 자신이 얼마나 믿어주느냐에 달려 있다. 근거를 동반한 자신감도 소중하지만 근거를 가진 아이디어나 상상은 엄밀한 의미에서 새롭다고 볼 수 없기 때문에 창의성을 키울 재료로 보기 어렵다. **오히려 진정한 의미에서 새로운 아이디어는 그러한 근거를 지지할 만한 정보가 충분하다고 할 수 없다.** 창의성을 높인다는 것은 바로 이런 상태에서 새로운 아이디어나 상상을 뒷받침할 만한 정보를 스스로 찾아내고 다듬어가는 작업이다.

이러한 과정을 밟아가다 보면 자기 나름의 새로운 아이디어나 상상의 산물이 더욱 정교화되고 진화된 형태로 뇌에 입력된다. 그 정보 처리 과정이 창조 과정의 가장 중요한 단계라고 할 수 있다.

창의성에 이바지하는 전극측 전전두피질의 기능을 키우려면 새로운 것에 도전하고 극복해온 체험을 뇌에 새김으로써 '도전에 따른 불안감'을 '도전에 따른 성장이나 변화에 대한 희망'으로 바꿔나가야 한다.

다양한 도전을 계속해나가는 사람이야말로 창의성이 높다고 볼 수 있다. 보통 도전은 리스크 판단의 희생양이 되어 실행되지 않는 경우가 많다. 도전을 계속할 수 있다는 것은 그만큼 도전의 가치를 뇌가 학습하고 있다는 증거다. 도전이 반드시 성공을 보장하지는 않지만 성장 요소임에는 틀림없다. 그 가치를 깊이 인식하고 도전을 멈추지 않고 해온 사람은 분명 창의력이 높아지는 방향으로 성장해갈 것이다.

회피하고 싶은 불확실한 것을 맞닥뜨리면 자신이 못할 것 같은 이유에 초점을 맞출 게 아니라 할 수 있는 이유에 초점을 맞춰 일단 도전해 보자. 무엇보다 **불확실한 것이라도 즐기면서 할 수 있는 여유를 만들어내는 마음가짐이 필요하다.** 그러기 위해서는 평소에 도전을 통해 얻을 수 있는 가치를 메타인지함으로써 뇌에 그 가치 기억을 패턴화시켜야 한다.

창의성을 높이는 힌트 11

불확실성을 즐긴다

뇌에는 불확실하고 모호한 상황을 탐색하는 기능이 있다. 이 기능은 후천적으로 길러진다. 불확실한 상황에 직면했을 때 이를 극복해 성취감을 느꼈던 경험이 이 뇌 부위를 단단하게 만든다. 이때 확률론적 확실성은 억제한다.

잘해낸 부분이나 할 수 있는 부분에 주의를 기울인다

보통 자신이 잘해낸 부분에는 주의를 기울이기가 어렵다. 따라서 자신이 성취한 것이나 일을 잘해낸 부분에는 의식적으로 주의를 기울일 필요가 있다. 오히려 주의의 구조를 역이용해 할 수 없는 이유가 아니라 성취하기 위한 정보를 찾는다.

신체 이미지와 공감이
창의성을 뒷받침한다

전극측 전전두피질 외에 창의성과 관련된 뇌 부위로는 모서리뇌이랑SG(supramarginal gyrus)과 중심후회PG(postcentral gyrus)가 있다.

2018년에 일단의 연구자들은 이들 부위와 관련한 실험을 진행했다. 논문의 연구자들은 창의적인 발상에는 크게 두 가지 종류가 있다고 생각하고 각각의 뇌 사용법이 어떻게 다른지 연구했다.[34]

독창적인 아이디어를 떠올린 경우와 재미있는 아이디어를 생각해낸 경우의 차이를 연구한 것이다. 구체적으로는 '모자를 등갓으로 써보자는 생각이 떠오른' 경우와, '모자를 모금 활동의 돈을 담는 용도로 쓰는 것을 생각해낸' 경우로 각각의 뇌 사용법을 조사했다. 그때 가장 큰 차이를 드러낸 것이 모서리뇌이랑과 중심후회였다.

독창적인 아이디어를 '떠올린' 때에 모서리뇌이랑과 중심후회가 활성화되는데 이때의 뇌 사용법은 재미있는 아이디어를 '생각해냈을' 때의 뇌 사용법과 다르다는 것이 밝혀졌다.

모서리뇌이랑이 하는 기능은 두 가지다. 하나는 촉각 정보나 공간 지각, 팔다리의 위치 정보를 파악하거나 다른 사람의 자세 혹은 몸짓 등을 파악하기 위해 작동한다. 또 하나는 다른 사람의 동작을 모니터링하고 거울 뉴런이라 불리는 신경세포에 의해 상대방의 마음이나 감정을 헤아리거나 공감할 때 작동한다. 따라서 모서리뇌이랑이 손상되면 공감 능력이 떨어지고 자아가 강해지는 경향이 있다.

한편 중심후회는 뇌섬엽과 강하게 연계된, 전신의 감각 신경이 모이는 곳이다. 오감에 더해 위치 감각, 통각, 진동 감각, 온도 감각 등의 감각도 취급한다.

모서리뇌이랑과 중심후회는 모두 신체 감각에 관여하는 뇌 부위다. 창의성을 발휘할 때 우리는 **신체 이미지를 뇌 속에서 시뮬레이션하면서 그 때의 감각과 다른 사람이 느낄 감정까지 시뮬레이션할 수 있다**. 이때 좀 더 사실적으로 선명하게 상상하여 시각화하면 창의성은 더욱 높아진다.

신체 이미지를 떠올리며 상상한다

사물의 새로운 쓰임새를 머릿속에서 떠올릴 때 우리는 자신의 신체 이미지를 만들어 마치 그 속에서 자신이 직접 사용하는 것처럼 상상한다. 자신이나 주변 사람의 움직임을 뇌로 이미지화하는 작업이 창의성을 기르는 데 도움이 된다.

13

창의성과
뇌 속 정보 통합 시스템

 다양한 뇌 부위 중에서도 창의성에 가장 직접적으로 큰 영향을 미치는 것은 모이랑AG(angular gyrus)이다.

 2010년, 자신이 살면서 얼마나 창의성을 발휘해왔는가를 묻는 창의성취 설문CAQ(Creative Achievement Questionnaire) 조사 결과와 뇌의 해부학적인 구조 발달 정도의 상관성을 나타내는 연구가 행해졌다. 그 결과 오른쪽 모이랑에 해당하는 뇌 부위의 표피 두께가 두꺼울수록 CAQ의 점수가 높아지는 상관관계를 보였다.[35] 오른쪽 모이랑이 클수록 인생에서 창의적인 활동이 많았다는 뜻이고, 실제로 사용된 만큼 오른쪽 모이랑이 커진다는 뜻이다.

 모이랑은 뇌의 다양한 부위와 해부학적으로 연계되어 다양한 정보를 통합하는 역할을 맡고 있기 때문에 창의성에 큰 영향을 미친다. 그중 주요 역할을 세 가지로 정리해보자.

 ① 언어를 해석하는 역할을 한다. 하지만 단순히 문자 그대로의 언

어라기보다는 언어에 잠재된 정보, 즉 메타포를 이해하거나 추상적인 개념을 이해하는 역할을 한다.

② 모이랑도 디폴트 모드 네트워크의 중심 시스템의 일부다. 무의식에 가까운 상태에서 뇌에 있는 여러 가지 정보를 동시다발적으로 처리한다.

③ 정보의 허브로서 기능한다. 감각 정보(시각, 청각, 촉각), 기억 정보(의미, 에피소드, 감정), 고차기능처리 정보 등의 허브가 되고 있다.[36]

모이랑이 활성화되어 **창의성이 발휘될 때는 단순히 사실이나 수적 정보뿐만 아니라 다양한 영상적 이미지, 감각, 감정, 추억, 공상, 예측, 착각과 같은 다양한 요소들이 정보 처리의 대상이 된다.** 비록 물리적인 대발견이 숫자의 나열에 불과해 보여도 그 속에는 자연 현상에서 얻은 힌트나 머릿속에서 그린 여러 상상력의 산물들이 녹아 있다.

뇌는 다면적인 정보를 '유동적'으로 통합한다. 모호하고 불확실하면서도 뭐라고 말할 수 없는 부분을 집요하게 물고 늘어지면서 이를 하나의 형태로 표현할 수 있게 될 때 비로소 그것이 세상에 새롭게 선보이는 창작물이 되는 것이다.

모이랑은 예술 활동을 통해 키울 수 있다. 직접 창작 활동을 할 때만이 아니라 예술작품을 감상할 때도 모이랑은 활성화된다. 예술작품을 감상하면서 우리는 자신의 과거와 현재, 더 나아가 미래를 관련지어 생각하거나 뭐라 말할 수 없는 표현에 대한 해석을 시도하고, 작품에서 받은 느낌을 음미하거나 작가의 의도를 상상하며 의미를 부여한다.

세계를 개척해온 사람들은 아직 경험해보지 못한 세계나 불확실한 것들을 받아들이면서 전진해왔다. 모호하고 불확실한 세계를 구현할 수 있는 능력은 진정한 예술가가 구사하는 창의적인 뇌 활용과 겹친다.

예술을 통해 모이랑을 키우고 싶다면 굳이 돈을 들이지 않아도 좋다. 예술작품이 처음부터 예술작품인 것은 아니다. 예술작품을 예술작품으로 감상할 수 있는 뇌가 비로소 예술작품을 예술작품으로 만들어간다. 따라서 자신이 바라보는 태도에 따라 뇌 속에 예술을 존재하게 할 수 있다.

유명한 그림이든 아이가 그린 그림이든 상관없다. 거리의 포스터라도 좋다. 음악이나 연극이어도 상관없다. 외부 세계의 정보와 자기 신체를 접속하는 허브를 많이 가질수록 모이랑이 관여하는 일이 많아지면서 창의성이 함양될 수 있다. 여기서 핵심은 언어의 한계성을 인식하는 것이다.

언어의 한계성을 인식한다

모이랑은 메타포의 해석에 사용된다. 이를테면 다음 문장이 무엇을 비유하는지를 생각해보라. 그러면 우리가 얼마나 언어의 제약을 받고 사는지를 알 수 있다.

바닥은 있지만 정면이 없는 한 개의 원통형인 경우가 많다. 곧게 서 있으며 안이 오목하게 패여 있다. 중력을 중심으로 닫혀 있는 한정된 공간이다. 어느 일정량의 액체를 확산시키지 않고 지구의 인력권 내에 유지할 수 있다. 그 내부가 공기로만 가득 차 있을 때 우리는 비어 있다고 말하지만, 측정할 필요도 없이 냉정히 흘긋 보아도 확인할 수 있다.

읽어 나가는 동안 뭘 말하는지 눈치챈 사람도 있을 것이다. 정답은 컵이다. 컵이라는 말을 사용하지 않고 컵을 표현한 시인 다니카와 슌타로의 문장이다. ―「컵을 향한 불가능한 접근」

여기에 쓰인 정보만으로 사물을 유추하는 뇌 부위가 바로 모이랑이다. 슌타로는 이어서 다음과 같이 쓰고 있다.

손가락으로 튕기면 진동하여 하나의 음원을 이룬다. 때로는 신호로 쓰이고, 드물게 음악의 한 단위로도 쓰이지만 그 울림은 쓰임을 초월한 일종의 완고한 자기 충족감으로 귀를 위협한다. 그것은 식탁 위에 놓인다. 또한 사람 손에 잡힌다. 종종 손에서 미끄러져 떨어진다. 사실 고의로 쉽게 파괴할 수 있고 파편으로 변하면서 흉기가 될 가능성을 숨기고 있다.

그러나 부서진 뒤에도 존재하기를 포기하지 않는다. 이 순간 지구상의 그 모두가 깨져서 다 파괴된다 해도 우리는 그로부터 벗어날 수 없다.

물론 이렇게까지 표현하기는 어려울 수 있다. 하지만 컵이라는 말을 쓰지 않고 컵을 표현하는 훈련은 모이랑을 단련하는 데 효과적이다.

언어는 매우 편리하다. 컵을 컵이라고 표현하면 그것으로 단번에 이해할 수 있다. 반면 언어는 무수한 정보를 삭제해버릴 수도 있다. 그렇기 때문에 언어의 편견을 깨고 표현을 시도하면 모이랑이 활용되어 새로운 표현, 새로운 시각으로 이어질 수 있다.

14

창의성과
언어·비언어 정보 처리

비언어적인 정보 처리가 뇌의 대부분을 차지한다

뇌가 정보를 처리하는 대상은 그림 35와 같이 크게 4가지로 나뉜다. 가로축은 정보가 체내 정보인지 체외 정보인지를, 그리고 세로축은 언어적인 정보인지 혹은 비언어적인 정보인지를 나타낸다. 우리 주변에는 당연히 언어 정보도 있지만 사실 대부분이 비언어적 정보로 이루어져 있다. 문자는 적고 대부분이 그림, 소리, 표정 등으로 이루어져 있다.

뇌에도 언어 정보는 있다. 의미 기억과 에피소드 기억에 의해 추상적인 것을 해석하거나 사고할 수 있다. 언어는 중요한 도구 중 하나다. 하지만 뇌가 처리하는 정보에는 비언어적인 정보가 압도적으로 많다.

일반적으로 인간의 발달 과정은 그림 35와 같이 U자 커브를 그린다. 태어난 지 얼마 되지 않았을 때는 부모의 표정을 보거나 목소리를 들으면서 정보를 얻는다. 음의 높낮이로 다양한 판단을 하거나 정보를 선택해 의사를 표현한다. 성장함에 따라 다양한 언어를 배우기 시작하

그림 35 뇌의 정보 처리 대상 분류

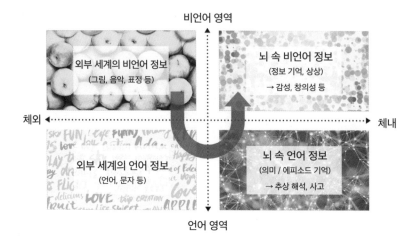

고 외부로부터 언어 정보를 체득해간다. 어른으로 성장하면 뇌 속에서 언어 정보를 능숙하게 처리하게 되면서 보다 추상적인 개념들을 이해하고 사고할 수 있게 된다. 대부분은 이 단계에서 멈추고 비언어적인 단계로까지 나아가는 사람들은 많지 않다. 하지만 훈련을 통해 비언어적인 정보까지 활용할 수 있게 되면 우리의 가능성과 잠재력은 더 커질 것이다.

뇌가 처리하는 정보에는 말로 표현할 수 없는 비언어적인 것이 압도적으로 많다. 우리 뇌 속에 유지되는 기억을 신경과학적으로 분류한 것이 그림 36이다.

장기 기억에 해당하는 서술 기억은 언어로 전달되는 기억을 가리킨

그림 36 **뇌의 기억 분류**

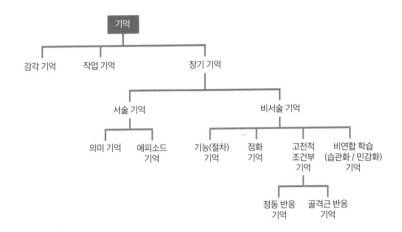

다. 여기에는 의미 기억과 에피소드 기억밖에 없다. 이를 제외하면 모두 언어로는 전달되기 어려운 기억들이다.

예를 들어 기능(절차) 기억을 언어로 설명하기는 어렵다. 자전거 타는 법을 말로 설명하려고 하면 팔다리의 상태나 밸런스, 몸 사용법이나 무게 중심의 위치 같은 것을 표현하기가 얼마나 어려운지 금세 깨달을 것이다.

이처럼 언어적인 정보 처리 기능이나 기억보다 비언어적인 정보 처리나 기억들이 더 많기 때문에 비언어적인 정보 처리를 모호하다고 회피하기보다는 오히려 이를 즐기고 소중히 여기며 언어의 한계를 벗어나 표현해보려고 시도해보는 편이 낫다. 그렇게 하다 보면 모든 것을 명시적인 언어로만 파악해온 좁은 세계에서 벗어나 새로운 세계가 보이기 시작할 것이다.

언어 이외의 도구를 사용해 '언어 편견'을 깬다

앞에서 다니카와 슌타로가 묘사한 컵처럼, 어떤 대상에 대해 개념이 아니라 속성을 표현해보는 훈련은 창의성을 기르는 데 매우 효과적이다. 굳이 언어가 아니더라도 그림이나 음악 등 표현 방식은 다양하다. 다니카와 슌타로는 시집에 대해 이렇게 적고 있다.

> 이 시집에서 다양한 것들을 '정의'하려고 해봤습니다만, 결과적으로는 언어라는 것으로 사물이나 상황을 정확히 정의하는 것은 불가능하다는 생각이 들었습니다. 수록한 「우리 집으로 가는 길의 퇴고」에서는 미나미아사가야로부터 나리타 동쪽의 우리 집으로 가는 길을 써놓았지만 이 시만 믿고 우리집에 오려던 사람은 모두 길을 잃어버렸습니다.(이와나미서점 홈페이지 『정의』(전자책) 「이 책의 내용」에서 인용)

주변 정보를 찾아 처리하는 게 모이랑의 쓰임새 중 하나다. 모이랑을 활성화하는 것이 창의성으로 이어진다는 것을 의식하면서 언어 편견을 깨보려고 한번 시도해보자. 예를 들어 직접적인 언어를 쓰지 않고도 대상을 표현할 수 있는 메타포의 활용은 모이랑을 활성화한다.

아이들의 말과 행동을 유심히 관찰해보면 구사할 수 있는 단어가 많지 않아 예상 밖의 표현으로 대상을 지칭하는 걸 볼 수 있다.

"다리가 멜론 소다야."

세 살 된 내 조카가 내뱉은 말이다. 나는 도무지 무슨 말인지 알 수가 없었다. 조카가 전달하려던 의미는 바로 이것이었다.

'다리가 저려.'

조카는 "저리다"라는 단어를 몰랐다. 다리가 저려서 "찌릿찌릿"한 상태를 표현한 것이 전에 마셔본 적 있는 "찌릿찌릿"한 멜론 소다였던 것이다. 이 감각은 언어의 한계에서 벗어나 창의성을 양성하는 모이랑의 활용에 힌트가 될 것이다.

언어의 편견에서 벗어난다

사물에 대한 언어의 의미 부여는 때로 정보를 크게 제한한다. 따라서 직접적인 언어가 아닌 메타포를 활용해 사물을 표현해보자. 메타포의 활용은 뇌의 모이랑을 활성화한다. 직접적인 언어를 쓰지 않고도 사물을 표현할 수 있는 방법은 많다는 사실을 염두에 두자.

오늘 부장님,
도깨비 같아요

15

창의성에서
사용되지 않는 뇌

지금까지 창의성이 발휘될 때 활성화되는 뇌 부위를 알아보았다. 하지만 반대로 창의성이 발휘될 때 비활성화되는 뇌 부위도 있다. 그중 하나가 외부 세계에서 오는 시각 정보를 처리하는 후두엽이다.

외부 세계의 정보와 지금까지의 가치관을 차단한다

뇌에서 창의적인 행위가 이루어질 때 주의는 외부 세계를 향해 있지 않다. 눈을 뜨고는 있지만 보는 듯 마는 듯한 상태다.

"창의적인 활동을 할 때 눈을 감으면 좋다"는 말은 일리가 있다. 주의를 외부가 아니라 자신의 내면으로 돌리면 창의성을 발휘하는 데 도움이 되기 때문이다.

"창의성에는 우뇌가 사용된다"는 말은 틀렸다. 우뇌, 좌뇌의 기능이 모두 다 쓰이기 때문에 기능 분담을 논할 필요가 전혀 없다. 단 모서리이랑의 경우는 창의성을 발휘할 때 좌측이 비활성화된다는 것이 밝혀졌다.[37] 좌측은 논리적 사고나 연산 처리에 쓰이는 뇌 부위다. 뇌가 창조적인 정보 처리를 할 때 논리적인 사고나 연산 처리는 휴식을 취하고 있을 때가 많다.

창의적인 사고는 논리적인 사고나 연산 처리와는 다르다. 이미 제시된 논리적인 사고에는 창의성이 개입할 여지가 없고, 요소를 분해하여 수치화하는 연산 처리는 기계가 대신할 수 있다. 창의성을 발휘하기 위해서는 기존의 논리를 의심하고 새로운 관점에서 논리를 재구성하려는 노력이 필요하다. 새로운 것을 뇌에서 만들어내려고 할 때는 '이것은 좋다', '이것은 나쁘다'는 식으로 가치 평가와 관련된 기억들이 축적되어 있는 복내측 전전두피질은 잠잠해진다. '창조할 때는 기존의 가치관을 벗어나라'는 말은 신경과학적으로 이치에 맞는 말이다.

창의성을 높이는 힌트 14

외부 세계의 정보를 차단하는 뇌

평소 좋아하는 것이나 가치 있다고 생각해온 것에 주의를 기울이지 않는다. 하향적인 판단을 내리지 않는다. 그보다는 왠지 모르게 즐거울 가능성에 주의를 기울인다. 외부 세계의 정보를 차단하고 내부 정보에 민감하게 만드는 것이 뇌의 창의적인 과정을 원활하게 한다.

창의성은 지금부터라도
향상 가능하다

마지막으로 창의성은 선천적으로 우연히 타고난 재능이 아니라 후천적으로 성장한 뇌의 귀결이라는 점을 다시 한번 강조하고 싶다.

다만 창의성을 발휘하려면 다양한 부위의 뇌 기능이 총동원되어야 한다. 따라서 의식적으로 주의를 기울여 뇌 기능을 높여야 한다. 결코 쉬운 일이 아니다. 사람들이 창의성을 선천적으로 타고나는 재능이라고 생각한 것도 이런 이유에서다.

하지만 후대상회, 전대상회, 전전두피질, 모이랑 등 창의성과 관련된 뇌 부위의 대부분은 후천적으로 길러진다. 무릇 발상의 씨앗이 되는 정보, 요컨대 기억은 후천적으로 뇌에 입력된다. 뇌에 '창의성 유전자' 같은 것은 존재하지 않는다. 설령 있다고 하더라도 창의성을 발휘하는 데 필요한 뇌 부위를 활용하지 않는 한, 뇌 기능은 틀림없이 퇴화하며 사라지고 말 것이다.

창의성은 '사용하지 않으면 잃는다'는 원리에 따른다. 창의성 발휘에 사용되는 뇌 기능은 사용되면 길러지고 사용되지 않으면 사라진다.

창의성을 높이고 싶다면 창의적인 일을 계속해나가는 것 말고는 달리 방법이 없다. 급작스럽게 창의성을 높이는 마법의 지팡이는 없다.

창의적인 뇌를 활용한다는 것은 생각처럼 간단하지 않다. 무작정 창의적인 행위를 반복한다고 되는 일도 아니다. 먼저 창의성이 발휘되는 뇌의 특징들을 이해해야 한다. 실제로 신경과학적인 창의성에 대한 이해가 높아지면 창의성이 향상된다는 연구 결과가 있다. 이를 힌트 삼아 각자가 활용할 수 있는 아이디어에 한번 적용해보기 바란다.

창의성이란 개념은 확실히 복잡하다. 창의성을 어른이 되어서야 키워나간다면 뇌에 많은 부하를 줄 수 있다. 하지만 **창의적인 뇌의 활용법은 앞으로 어떻게 될지 알 수 없는 시대의 불확실성을 오히려 적극적으로 즐길 수 있는 마음의 여유를 가져다준다.**

갈수록 복잡하고 불확실성이 높아져만 가는 현대 사회에서 창의성은 반드시 갖춰야 할 필수 능력으로 요구되고 있다. 과거의 데이터에 의존하지 않고 항상 안팎의 간섭을 수용하며 동요하는 뇌가 만들어내는 새로운 아이디어나 생각은 인공지능과는 선을 긋는다. 앞으로 인류 진화의 길은 바로 여기에 있을지 모른다. 창의성이라는 난해한 현상은 신경과학적으로도 완전히 규명되지 않았다. 하지만 지금까지 연구된 것만으로도 창의성을 높이기 위한 시사점이 많이 포함되어 있다. 그 과학적인 지식을 토대로 의식적으로 노력해가다 보면 분명히 창의성은 향상될 것이다.

예술은 인류 역사만큼이나 장구한 역사를 지니고 있다는 점에서 인

예술이라는 추상은 때로 우리를 위로하고 때로 북돋우며 때로 공감대를 형성하면서 뇌에 다양한 정보 통합의 기회를 부여해왔다.

마지막으로 신경과학의 대가 에릭 캔델이 예술에 대해 언급한 내용을 인용하면서 끝맺고 싶다. 그의 말을 어떻게 받아들이면 좋을지 각자가 해석을 즐겨봤으면 좋겠다. 정답은 없다. 하지만 자기 나름대로 해석해봄으로써 창의성이란 무엇인가를 좀 더 깊이 이해하길 바란다.

> 예술에 대한 우리의 반응은 예술가가 작품을 만들어놓은 창조적 과정 — 인지나 정동, 공감을 수반하는 과정 — 을 자신의 뇌에서 재현하고 싶다는 어쩔 수 없는 충동에서 생겨난다. (…) 예술가와 감상자 모두의 이러한 창조적인 충동은 아마 예술이 물리적으로는 생존에 필수적인 것이 아님에도 불구하고 모든 시대의 모든 장소에서 실질적으로 모든 인류 집단이 그림을 그려온 이유를 설명해줄 것이다. 예술은 본래적으로 쾌락으로 가득 찬 것이어서 예술가와 감상자가 교류하고 인간의 뇌를 특징짓는 창조적인 과정을 공유하기 위한 유익한 노력이다.

신경과학은 현재 지수 함수적으로 급성장하고 있는 비교적 새로운 학문이다. 여전히 미지의 영역이 방대하게 남아 있지만, 새로운 지식이 날로 그 영역을 줄여가고 있다. 지금까지 '블랙박스'로 취급되어왔던 뇌의 기능이나 구조가 점점 더 명백히 밝혀지고 있고, 새로이 알려진 사실들은 가까운 미래에 인간의 행복과 성장에 응용될 것이다.

하지만 현재를 불안하게 바라보는 시선도 있다. 인공지능 영역이 급성장하며 인간이 하는 일을 대체해가고 있기 때문이다. 많은 사람이 인공지능에 의해 인간이 무력한 존재로 전락하게 되지는 않을까 두려워하고 있다. 이 책에서 설명한 바와 같이 인간의 뇌는 새로운 것을 경계하고 부정적인 것에 주의를 기울이기 쉬운 특징이 있다. 구조적으로 시대의 변화를 거부하거나 불만을 늘어놓기 쉬운 것이다. 하지만 그럴수록 환경의 변화를 긍정적으로 받아들이면서 스스로 적응하고 변화해가려는 의식적인 노력이 필요하다. 그런 사람들이 장기적으로 인간의 진화를 이끌어간다고 생각한다.

코로나19로 인해 불안감이 사회에 만연해 있다. 눈에 보이지 않는 대상이 자아내는 공포로 인해 사람들은 세상사의 많은 것을 부정적인 시선으로 바라보고 있다. 뇌는 기본적으로 부정적인 것에 주의를 기울이는 경향이 있기 때문이다. 하지만 세상을 둘러보면 부정적인 것만이 있는 것이 아니다. 찾아보면 늘 새롭고 긍정적인 희망과 기회도 넘쳐난다. 이러한 희망과 기회를 발견하는 데 뇌를 잘 활용하자는 것, 이것이 내가 이 책을 통해 말하고자 하는 가장 중요한 메시지다.

코로나 사태가 앞으로 어떻게 전개될지 정확히 예측할 수 있는 사람은 아무도 없다. 게다가 이 사태가 끝나더라도 이 같은 재난이 다시 일어나지 말라는 법도 전혀 없다. 아니 이와 같은 재난이 미래에 다시 일어나리라는 것은 거의 자명한 사실로 보인다. 하지만 이러한 암울한 전망만을 바라보며 스트레스를 쌓아가며 살아갈지, 아니면 이러한 상황 속에서도 자신의 힘으로 새로운 희망과 기회를 창출할 수 있을지는 여러분이 뇌를 어떻게 사용하느냐에 따라 전혀 달라질 수 있다.

세계에 부정적인 뉴스가 넘쳐나면 뇌에 들어오는 정보도 부정적인 것으로 넘쳐나기 마련이다. 그리고 그런 뉴스에만 주의를 기울이다 보면 그런 정보만이 뇌에 새겨진다. 즉 불쾌한 편도체를 스스로 만들어내게 된다. 하지만 자신이 주의를 기울이는 방법만 의식할 수 있으면 뇌의 기억은 완전히 달라질 수 있다. 우리는 주변에 있는 긍정적인 뉴스에 주의를 기울이고 반응하면서 그 또한 뇌에 새겨넣을 수 있기 때문이다. 어려운 상황에서도 뇌 안에 행복하고 긍정적인 정보를 스스로 새겨넣음으로써 그것을 행복과 연결할 수 있다. 뇌를 사용하는 방법을 바꾸면 인생 또한 풍요롭게 바꿀 수 있다.

중요한 것은 자신이 무엇을 하고 싶은지 알 수 없는 카오스 상태에서 '내가 진정으로 하고 싶은 것은 무엇인가'를 끊임없이 묻는 자세다. 자신이 하고 싶은 것, 관심과 흥미가 있는 것이 아니면 좀처럼 성과는 나오지 않기 때문이다. 자신이 알고 싶은 것, 해보고 싶은 것에 순수하게 빠져들어야 비로소 원동력이 생긴다. 즉 도파민이 일을 주도하게 하는 것이다. 더 많은 사람이 자기가 하고 싶은 일에 솔직해졌으면 좋겠다. 그래야만 배움이 가속될 터이기 때문이다.

최근 거의 모든 영역에서 강하게 요구되고 있는 사회공헌을 예로 들어보자. 대의명분만을 따지며 사회공헌을 하려다 보면 스트레스만 쌓이게 된다. 강요를 받는다고 느끼는 시점에 벌써 자발적으로 하려고 할 때와는 전혀 다른 뇌 부위가 작동을 시작하기 때문이다. 자신이 하고 싶어서 하는 활동이 다른 사람에게 도움이 될 때 비로소 자신도 즐거워지고 타인도 즐거워진다. 마지못해 하다 보면, 해주고 있다는 감각이 뇌의 기억에 새겨지게 된다. 그러다 보면 대가나 감사 인사를 바라게 되고, 자신의 기대와 다른 반응이 나오면 거기에 또 스트레스를 받게 된다. 그것은 순수한 의미에서 사회공헌이라고 할 수 없다.

자신이 하고 싶은 일을 하면서 배움이 깊어지고, 그것이 또 누군가에게 도움이 될 때 인생은 더욱 즐겁고 풍요로워지게 된다. 나는 늘 이를 마음에 새기면서 나날을 보내고 있다. 물론 힘겨운 날들도 있다. 하지만 그 와중에 신경과학이 내게 가르쳐준 지혜와 나를 지지해주는 가족과 동료, 나의 뇌 이야기를 진지하게 들으며 즐겨주시는 여러분의 도움으로 오늘을 살아가고 있다.

마지막으로, 선구적인 연구로 지식을 계속 업데이트해 나가는 과학자분들, 가족과 동료, 그리고 여러분에게 진심으로 감사의 뜻을 전하고 싶다. 진심으로 뇌로부터 감사를 전한다.

2020년 9월

아오토 미즈토

주

CHAPTER 1 모티베이션

1   Qiu, L., Su, J., Ni, Y., Bai, Y., Zhang, X., Li, X., etal. (2018). The Neural System of Metacognition Accompanying Decision-Making in the Prefrontal Cortex. *PlOS Biology*, 16(4), e2004037

2   Fleming, S. M., & Dolan, R. J. (2012). The neural basis of metacognitive ability. *Philosophical Transactions of the Royal Society B*, 367, 1338-1349

3   Leisman, G., Mualem, R., & Safa Khayat Mughrabi.(2015). The Neurological Development of the Child with the Educational Enrichment in Mind. *Psicologia Educative*, 21, 79-96.

4   Panksepp, J. (2011). Cross-Species Affective Neuroscience Decoding of the Primal Affective Experiences of Humans and Related Animals. *PLOS ONE*, 6(9), e21236.

5   Gruber, M.J., Gelman, B. D., & Ranganath, C.(2014). States of Curiosity Modulate Hippocampus-dependent Learning via the Dopaminergic Circuit. *Neuron*, 84(2), 486-496.

6   Salamone, J. D., Yohn, S. E., López-Cruz, L., San Miguel, N., & Correa, M. (2016). Activational and Effort-related Aspects of Motivation : Neuralmechanisms and Implications for Psychopathology. *Brain*, 139(5), 1325-1347.

7   Penner, M. R., & Mizumori, S. J., (2012). Age-associated Changes in the Hippocampal-ventral Striatum-ventral Tegmental Loop that Impact Learning, Prediction, and Context Discrimination. *Frontiers in aging Neuroscience*, 8.

8   Gruber, M. J., Gelman, B. D., & Rangnath, C.(2014). States of Curiosity Modulate Hippocampus-dependent Learning via the Dopaminergic Circuit. *Neuron*, 84(2), 486-496.

9   Sheynikhovich, D., Otani, S., & Arleo, A.(2013). Dopaminergic Control of Long-term Depression/Long-term Potentiation Threshold in Prefrontal Cortex. *The Journal of*

neuroscience, 33(34), 13914-13926.

10 Penner, M. R., & Mizumori, S. J., (2012). Age-associated Changes in the Hippocampal-ventral Striatum-ventral Tegmental Loop that Impact Learning, Prediction, and Context Discrimination. *Frontiers in aging neuroscience*, 8.

11 田中正敏

12 Qiu, L., Su, J., Ni, Y., Bai, Y., Zhang, X., Li, X., et al. (2018). The neural system of metacognition accompanying decision-making in the prefrontal cortex. *PlOS Biology*, 16(4), e2004037.

13 Bush, G., Luu, B., & Posner, M. I., (2000). Cognitive and Emotional Influences in Anterior Cingulate Cortex. *Cognitive Science*, 4(6), 215-222.

14 Badre, D., Doll, B, B., Long, N. M., & Frank, M. J.(2012). Rostrolateral Prefrontal Cortex and Individual Differences in Uncertainty-driven Exploration. *Neuron*, 73(3). 595-607.

CHAPTER 2 스트레스

15 Bessel van der Kolk. (2015). *The Body Keeps the Score.*

16 Pavuluri, M., & May, A. (2015). I Feel, Therefore, I Am : The Insula and Its Role in Human Emotion, Cognition and the Sensory-Motor System. *AIMS Neuroscience*, 2 (1), 18-27.

17 Paniukov, D., & Davis, T. (2018). The Evaluative Role of Rostrolateral Prefrontal Cortex in Rule-Based Category Learning. *NeuroImage*, 166, 19–31.

18 Arnsten, A. F. (2009). Stress signalling pathways that impair prefrontal cortex structure and function. *Nature reviews Neuroscience*, 10, 410–422.

19 de Quervain, D. J., Aerni, A., Schelling, G., & Roozendaal, B. (2009). Glucocorticoids and the Regulation of Memory in Health and Disease. *Frontiers in Neuroendocrinology*, 30(3), 358–370.

20 Moica, T., Gligor, A., & Moica, S. (2016). The Relationship between Cortisol and the Hippocampal Volume in Depressed Patients-AMRI Pilot Study. *Procedia Technology*, 22 1106-1112.

21 Redondo, R. L., Kim, J., Arons, A. L., Ramirez, S., Liu, X., & Tonegawa, S. (2014). Bidirectional Switch of the Valence Associated with a Hippocampal Contextual Memory Engram. *Nature*, 513, 426–430.

22 Badre, D., & Nee, D. E. (2018). Frontal Cortex and the Hierarchical Control of Behavior. *Trends in Cognitive Sciences*, 22(2), 170–188.

23 Paniukov, D., & Davis, T. (2018). The Evaluative Role of Rostrolateral Prefrontal Cortex in Rule-Based Category Learning. *NeuroImage,* 166, 19–31.

CHAPTER 3 창의성

24 Beaty, R. E., Benedek, M., Silvia, P. J., & Schacter, D. L., (2016). Creative Cognition and Brain Network Dynamics. *Trends in Cognitive Science.* 20(2), 87–95.

25 D'Esposito, M., &., Postle, B. R. (2015). The Cognitive Neuroscience of Working Memory. *Annual Review of Psychology*, 66, 115–142.

26 Onarheim, B., & Fris-Olivarius, M. (2013). Applying the Neuroscience of Creativity to Creativity Training. *Frontiers in Human Neuroscience*, 7, 656.

27 Kafkas, A., & Montaldi, D. (2018). How Do Memory Systems Detect and Respond to Novelty?. *Neuroscience Letters*, 680, 60–68.

28 Vartanian, O., Bristol, A. S., & Kaufman, J. C. (2013). *Neuroscience of Creativity.* Cambridge, MA: The MIT Press.

29 Andrew-Hanna, J. R. (2012). The Brain's Default Network and its Adaptive Role in Internal Mentation. *Neuroscientist.*, 18(3), 251–270.

30 Addis, D. R., Pan, L., Musicaro, R., & Schacter, D. L. (2016). Divergent Thinking and Constructing Episodic Simulations. *Memory*, 24(1), 89–97.

31 Madre, K. P., Addis, D. R., & Schacter, D. L. (2015). Creativity and Memory: Effects of an Episodic-Specificity Induction on Divergent Thinking. *Psychological Science*, 26(9), 1461–1468.

32 Ritchie, S. J., Cox, S. R., Shen, X., Lombardo, M. V., Reus, L. M., Alloza, C., Harris, M. A., Alderson, H. L., Hunter, S., Neilson, E., Liewald, D., Auyeung, B., Whalley, H. C., Lawrie, S. M. Gale, C. R., Bastin, M. E., McIntosh, A. M., & Deary, I. J. (2018). Sex

Differences in the Adult Human Brain: Evidence from 5216 UK Biobank Participants. *Cerebral Cortex*, 28(8), 2959-2975.

33 Pavuluri, M., & May, A. (2015). I Feel, Therefore I Am: The Insula and Its Role in Human Emotion, Cognition and the Sensory-Motor System. *AIMS Neuroscience*, 2(1), 18-27.

34 Benedek, M., Schües, T., Beaty, R. E., et al.(2018). To Creator to Recall Original Ideas : Brain Processes Associated with the Imagination of Novelobjectus. *Cortex*, 99-102.

35 Jung, R. E., Segall, J. M., Jeremy Bockholt, H., etal. (2010). Neuroanatomy of Creativity. *Human Brain Mapping*, 31(3), 398-409.

36 Seghier, M. L. (2013). The Angular Gyrus: Multiple Functions and Multiple Subdivisions. *Neuroscientist*, 19(1), 43-61.

37 Vartanian, O., Bristol, A. S., & Kaufman, J. C. (2013). *Neuroscience of Creativity*. Cambridge, MA: The MIT Press.

옮긴이 박미정
대학원에서 미학을 전공하고 편집자로 일하고 있다. 옮긴 책으로『감정도 습관이다』가 있다.

브레인 드리븐 성장을 위한 뇌과학

초판 1쇄 발행 2022년 9월 30일

지은이　아오토 미즈토
옮긴이　박미정

펴낸곳　해리북스
발행인　안성열
주소　　경기도 고양시 일산동구 정발산로 24 웨스턴타워 3차 815호
전자우편 aisms69@gmail.com
전화　　031-901-9619
팩스　　031-901-9620

ISBN　　979-11-91689-08-2　03470